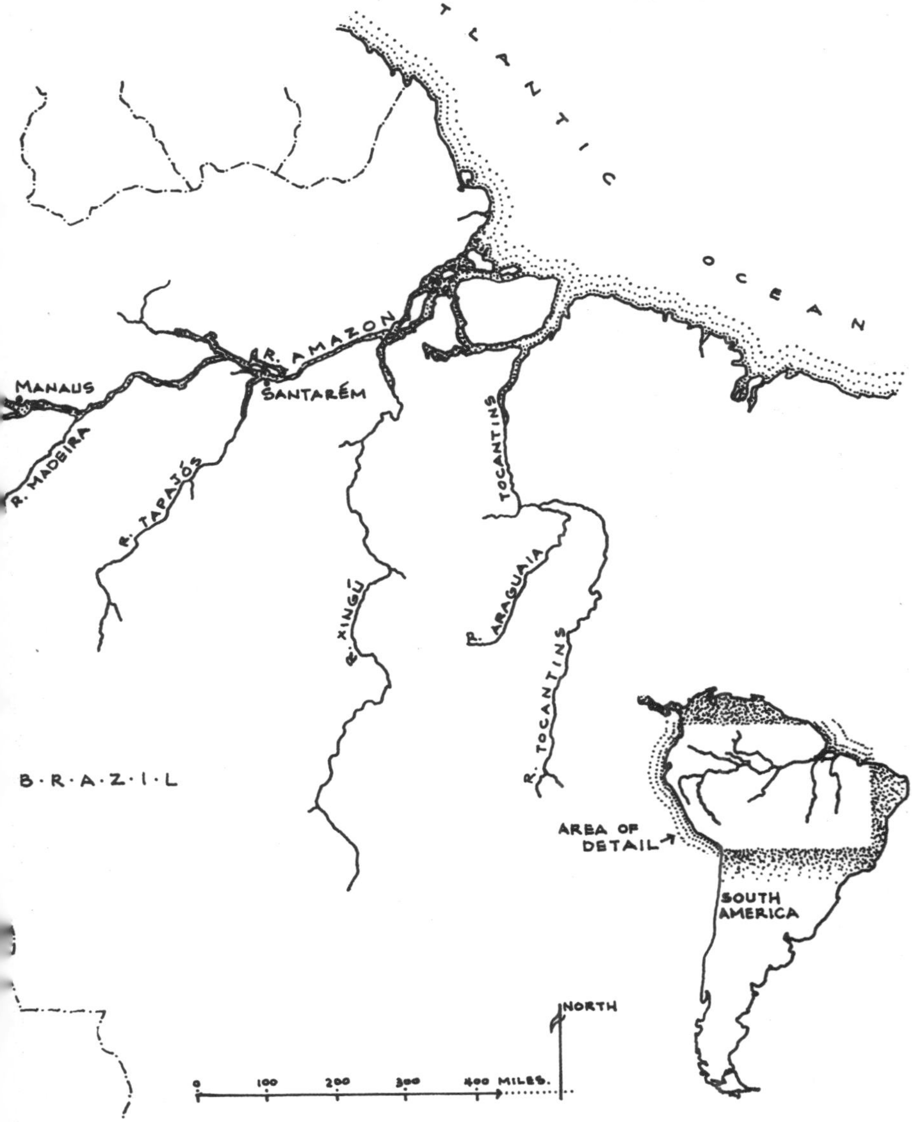
ATLANTIC
OCEAN
MANAUS
R. AMAZON
SANTARÉM
R. MADEIRA
R. TAPAJÓS
R. XINGU
TOCANTINS
R. ARAGUAIA
R. TOCANTINS
B·R·A·Z·I·L
AREA OF DETAIL
SOUTH AMERICA
NORTH
0 100 200 300 400 MILES.

Der Ruf
der rosa
Delfine

Sy Montgomery

Der Ruf der rosa Delfine

Wie die schlauen Säugetiere uns in die letzten Geheimnisse des bedrohten Amazonas einweihen

Aus dem Englischen von Gertrud Bauer

Eden BOOKS

Inhalt

Dem Andenken meines Vaters
Brigadegeneral A. J. Montgomery

Es gibt keinen zweiten Regenwald: Eine Bestandsaufnahme zwanzig Jahre nach der Erstveröffentlichung

Von allen Büchern, die ich bis heute geschrieben habe – selbst zwanzig Jahren nach der Erstveröffentlichung –, liebe ich dieses Buch am meisten.

Ich hatte immer davon geträumt, den Amazonas zu erforschen. Als mir die Recherche zu diesem Buch schließlich die Gelegenheit gab, war die Erfahrung noch reicher, vielschichtiger, überraschender und glorreicher, als ich es mir erträumt hatte.

Manchmal wird das Schreiben eines Buches, das beim Forschen noch Spaß gemacht hatte, zur endlosen Qual. Nicht jedoch bei diesem Buch. Jeden Tag erwachte ich hungrig, um noch einmal das seidige Gefühl der Streicheleinheiten des schwarzen Wassers auf meiner Haut zu spüren, den Vanilleduft von Baumwipfel-Orchideen erneut zu riechen und das sinnliche Auf und Ab einer niedrigen, rosafarbenen Flosse, das Kribbeln in meinen Zähnen und Knochen, wenn ein rosafarbener Delfin mit Schallimpulsen wie Ultraschall in meinen Körper hineinsah, für meine Leser*innen neu zu erschaffen.

Trotz der vielen schönen Momente hat es mir jedoch auch das Herz gebrochen. Ich schrieb diese Seiten als Loblied auf ein unvergleichliches Paradies und als Bitte, es zu schützen.

Zu meinem unermesslichen Leid ist das Amazonasgebiet heute, in den zwanzig Jahren seit der Veröffentlichung dieses Buches, noch schlimmer bedroht als zuvor.

Vor zwei Jahrzehnten stellte ich mit Bestürzung fest, dass der Amazonas brennt. Als ich 1987 zum ersten Mal einen Fuß in den geheiligten Dschungel setzte, überlebten 87,2 Prozent des Regenwaldes aus der Zeit von vor 1970. Und noch ehe ich meine Forschungen abgeschlossen hatte, waren ganze 34.188 Quadrathektar verbrannt – meist durch Brände, die von Bauern, Landspekulanten und Viehzüchtern gelegt wurden. In der Bibel heißt es, als Gott wollte, dass Moses die Israeliten aus Ägypten herausführte, brauchte es nur einen brennenden Busch, um seine Aufmerksamkeit zu erregen. Nun stand der größte Wald der Welt in Flammen! Wie konnten die Menschen da nicht aufhorchen?

Mittlerweile brennt der Amazonas nicht bloß. Er stirbt vielleicht.

Knapp achtzig Prozent des Amazonas-Regenwaldes sind noch erhalten. Jedes Jahr wird dem Dschungel durch Bergbau, Landwirtschaft und Viehzucht mehr Land gestohlen. Und das Tempo der Abholzung nimmt zu.

Im vergangenen Jahr, im Jahr 2019, stieg die Zerstörungsrate auf den höchsten Stand seit elf Jahren. In den zwölf Monaten bis Juli 2019 wurde ein Verlust von 9.762 Quadratkilometern verzeichnet. Es werden immer mehr Brände. Erstaunliche 74.000 Einzelbrände – ein Anstieg um 84 Prozent gegenüber dem Vorjahr – brannten allein im Monat August auf 125.000 Hektar. Satellitenanalysen zeigen, dass der größte Teil dieses Landes Anfang des Jahres absichtlich gerodet wurde, und zwar als direkte Folge der Politik des brasilianischen Präsidenten Jair Bolsonaro, der sich für das Vorhaben einsetzte, den größten Regenwald der Welt für das Agrobusiness umzuwandeln. Die beispiellosen Feuersbrünste schwärzten den Himmel in São Paulo, fast dreitausend Meilen vom Regenwald entfernt. Sie zwangen den an Peru grenzenden Bundesstaat Acre, Umweltalarm und die Stadt Manaus, die Hauptstadt des Amazonas, den Ausnahmezustand auszurufen.

Wenn die Rodungen morgen aufhören würden, wenn man jetzt eingreifen würde, um dem globalen Klimawandel zu begegnen, würden Wissenschaftler*innen uns sagen, dass es Jahrhunderte dauert, bis sich der Regenwald vollständig erholt. Am beängstigendsten ist jedoch die Warnung der Forscher*innen, dass der Amazonas bald einen Kipppunkt erreichen könnte, von dem er sich überhaupt nicht mehr erholen kann. Wenn zu viel lebensspendender Wald verbrennt, wird der Wasserkreislauf irreversibel unterbrochen. Und der mächtigste Regenwald der Erde verkommt zu unfruchtbarem Gestrüpp.

Sollte es dazu kommen, sagen Expert*innen neben der offensichtlichen Tragödie des Verlustes der prächtigen Geschöpfe des Amazonas, darunter auch der rosa Delfin, eine weltweite Katastrophe voraus. Anstatt der Atmosphäre Kohlenstoff zu entziehen, würde der größte Regenwald verschwinden, der globale Klimawandel würde sich dramatisch beschleunigen, was wiederum zu massiven Dürren, Überschwemmungen und Waldbränden auf der ganzen Welt führen würde.

Ich schreibe diese Worte von zu Hause in New Hampshire, während unsere Welt eine weitere Krise durchlebt. Wie es scheint, wird die gesamte menschliche Bevölkerung durch den Griff eines neuartigen Coronavirus gelähmt. Führende Politiker*innen der Welt tun überrascht, dabei warnen Wissenschaftler*innen, Schriftsteller*innen und Filmemacher*innen seit Jahren vor einer bevorstehenden Pandemie, die durch ein auf den Menschen überspringendes Tiervirus verursacht wird. Eine neue Studie der Universität Stanford zeigt, dass die Zerstörung der Wälder in fragmentierte Flecken sehr wahrscheinlich dazu beigetragen hat, dass der Virus übergreifen konnte. Das ergibt Sinn. Schließlich dringen die Menschen zunehmend in die Lebensräume der Wildtiere ein. Tiere, die man ihrer natürlichen Heimat beraubt, werden in die Nähe des Menschen gezwungen. In Gebieten, in denen die Wälder fragmentiert sind, halten Menschen oft Wildtiere gefangen und essen ihre geschlachteten Kadaver. Die Zerstörung der Wälder lädt Krankheiten – wie Covid-19 und SARS, AIDS, Ebola und viele andere – dazu ein, über die Artengrenzen zu springen und Menschen zu infizieren.

Wenn wir die Zerstörung fortsetzen, ist unsere Zukunft Feuer, Flut und Pest. Ganz richtig: Das klingt wie eine Geschichte aus der Bibel – ein Buch, das wie diese Geschichte im Garten Eden beginnt.

Die rosa Delfine des belagerten Amazonas geben mir trotz allem noch immer Hoffnung. Geschichten von Delfinen, die Menschen helfen, werden seit Jahrtausenden überliefert. Sie haben Menschen vor dem Ertrinken gerettet und sie so einiges über das Leben gelehrt. Ich weiß, dass diese Geschichten wahr sind, denn ich habe es selbst erlebt: Wie eine Jüngerin folgte ich den rosa Delfinen und fand den Garten Eden, den ich suchte. Ich folgte ihnen durch die Zeit: rückwärts, in die Vergangenheit, in der ich eine erstaunliche Evolutionsgeschichte sah; und vorwärts, um einen Blick auf mögliche Zukünfte zu werfen – Zukünfte, die wir wählen oder ablehnen können.

Die rosa Delfine führten mich zu heiligen Geschichten, die die Einheimischen bis heute für wahr halten. Sie sagen, dass rosa Delfine Magie in sich bergen. Sie sagen, dass sie genau wie Menschen der Liebe fähig sind. Sie sagen uns, dass Delfine und Menschen tief miteinander verbunden sind. Und sie sagen, dass der Wandel real ist. Auch diese Geschichten sind wahr – genau wie das Versprechen, das sie uns geben: dass wir die Ganzheit unserer süßen, grünen Welt aufrechterhalten können, wenn wir die Verbindungen zwischen uns ehren.

Sy Montgomery
April 2020
Hancock, NH

Wie ich mein Herz an den Amazonas verlor: Einführung in die Ausgabe von 2008

Obwohl meine Arbeit normalerweise als wissenschaftlich eingestuft wird, handelt es sich bei diesem Buch, so wie bei all meinen Büchern, um eine Liebesgeschichte. Wobei die folgende Geschichte wohl das Leidenschaftlichste ist, was ich je geschrieben habe.

Ich habe mich in den Amazonas verliebt, lange bevor ich auch nur einen Fuß nach Südamerika setzte. Als Kind träumte ich von den riesigen, unerforschten Wäldern und dem unbekannten Leben, das dort pulsiert. Mein Vater, ein Weltenbummler und Armeegeneral, erzählte mir damals Geschichten von listigen Jaguaren, Schwärmen lärmender Papageien, menschenfressenden Fischen und Schlangen, die einen mit Haut und Haar verschlingen. Als kleines Mädchen war ich fasziniert von den tierischen Kräften der Wildnis. Ich stellte mir elektrische Aale vor, so lang wie Limousinen, und leuchtend blaue Schmetterlinge mit Flügeln, größer als die der Vögel.

Weder mein Vater noch ich wussten damals von der Existenz der rosa Delfine, nur die wenigsten taten dies. Sicher, die Einheimischen kannten sie und auch die Wissenschaft hatte ihre Art erfasst, doch für die meisten Menschen schienen rosa Delfine genauso unmöglich wie rosafarbene Elefanten. Mal ehrlich: rosa Delfine? Wer glaubt denn so etwas? Wobei ich als Kind sicher keine allzu großen Schwierigkeiten gehabt hätte, mir einen rosa Delfin im Amazonas vorzustellen. Wenn es so etwas irgendwo auf der Welt geben *könnte*, dann im größten Dschungel der Welt. Meine junge Seele war wie besessen von seinen Wundern.

Ein Vierteljahrhundert später, acht Jahre nach dem Tod meines Vaters, unternahm ich schließlich meine erste Reise in den Regenwald. Ich konnte dem Anblick der schelmischen Flussbewohner einfach nicht widerstehen. Und so führte mein wissenschaftlicher Ansatz, die vielen ungeklärten Fragen um jene rosarote Walart zu beantworten, mich auf die Suche, von der diese Erzählung handeln soll.

Zunächst glaubte ich noch, ich könne ihnen im wörtlichen Sinne folgen, indem ich den Weg eines Tiers von Punkt A nach Punkt B zurückverfolgte. Doch die Delfine erwiesen sich als schwerer fassbar und zugleich aufschlussreicher, als ich vermutet hatte. Sie führten mich auf den Grund eines weit tieferen Geheimnisses: Sie führten mich ins nasse, pulsierende Zentrum der Welt meiner Träume.

Stück für Stück gewährten sie mir auf ihre aberwitzige Art Einblicke unter die Flussdecke. Rosa Delfine springen nicht wie Meeresdelfine aus dem Wasser empor; unter den dunklen Gewässern des Amazonas bleiben sie so gut wie unsichtbar. Doch selbst ungesehen lockten sie mich, neckten mich, verspotteten, frustrierten und verführten mich.

Ich konnte nicht anders, als mich Hals über Kopf in sie zu verlieben. Ich hatte dies kommen sehen; all die mir bekannten Legenden berichten von der transformativen Kraft und den Verführungskünsten des rosa Delfins. Was folgt, ist die Geschichte meiner Verführung. Und ich fürchte, auch Sie werden sich seinem Charme nicht entziehen können. Drum seien Sie auf eins gefasst: Die Zwillingsschwester der Liebe ist die Angst, der Geliebte könne verletzt oder einem für immer genommen werden. Auch darum geht es in diesem Buch. Der Amazonas und seine rosa Delfine sind heute noch größeren Bedrohungen ausgesetzt als jenen, denen ich damals begegnete, als ich Ende des 20. Jahrhunderts zum ersten Mal den Weg auf mich nahm.

In den acht Jahren seit der ersten Veröffentlichung dieses Buches hat eine Reihe von weltweiten Ereignissen den Naturschutznotstand im Amazonasgebiet auf herzzerreißende Weise herbeigeführt. Ein Fünftel des gesamten Gebietes ist bereits zerstört.

In Brasilien, inmitten dessen Grenzen der größte Teil des Amazonas verläuft, wurde zwischen Mai 2000 und August 2005 eine Rekordfläche von 50.950 Quadratmeilen Wald gefällt – eine Fläche, die noch größer ist als Griechenland. Der schrumpfende Amazonas muss zunehmend auf die Anforderungen der Agrarindustrie umgestellt werden, was wiederum den drohenden globalen Klimawandel dramatisch beschleunigt.

Die Folgen des Klimawandels sind in Brasilien bereits erschreckend deutlich: Ein unerwarteter Hurrikan – der einzige, der jemals im Südatlantik gemeldet wurde – verwüstete im März 2004 die Ostküste. Eine beispiellose Dürre im Jahr 2005 ließ die Ernten schrumpfen, stoppte den Reiseverkehr und verbreitete Feuer und Krankheiten. Im Jahr 2007 folgte eine weitere Dürre. Sterbende Fische lagen keuchend in Trockenbecken, die einst Seen waren; Menschen erstickten am Rauch von Waldbränden; die Krankenhäuser waren voller Patienten, die an Cholera, Malaria und anderen Krankheiten litten, welche sich ausbreiten, wenn das Trinkwasser knapp, schmutzig und stagnierend wird.

Brasilien ist heute weltweit der viertgrößte Produzent der vornehmlichen Treibhausgase, die für den globalen Klimawandel verantwortlich sind. Drei Viertel davon entstehen durch das Verbrennen und Fällen von Bäumen. Ironischerweise wird heute ein Großteil des Amazonasgebietes abgeholzt, um Pflanzen für die Produktion von Biokraftstoffen anzubauen – ein Mittel zur Bekämpfung der globalen Erwärmung. Kein Wunder, dass die heilenden, treibhausgasabsorbierenden Kräfte des Amazonas immer schwächer werden, je mehr Bäume getötet werden.

Auch Peru leidet unter diesen Auswirkungen. Wie in Brasilien verteilt nun auch die peruanische Regierung Holz- und Ölkonzessionen wie Pfefferminzbonbons. Und die globale Gaskrise treibt die Ölgier nur noch weiter an; so sehr, dass sie mit der Gier nach Gold vergleichbar ist. Das Öl erzielt einen so enormen Preis, dass inzwischen kein Gebiet mehr vor der Exploration und Entnahme gefeit ist.

Obwohl die Menschen vor Ort teils jene neu geschaffenen Arbeitsplätze begrüßen, die das Öl mit sich bringt, könnten ihre Sorgen nicht größer sein: Umweltverschmutzung, übermäßiges Jagdverhalten, kultureller Verlust, sexuell übertragbare Krankheiten. Viele Naturschutzorganisationen arbeiteten hart daran, peruanischen Beamten bei der Ausarbeitung von Beschränkungen für Holz- und Ölgenehmigungen zu unterstützen. Doch diese Beschränkungen existieren nur auf dem Papier. Öl- und Holzfirmen verweigern die Verwaltung der Konzessionsgebiete und beschränken ihre Aktivitäten in keiner Weise auf die ihnen zugewiesenen Gebiete. Und auch von der peruanischen Regierung ist keine Durchsetzung ihrer Vorschriften zu erwarten.

Trotz alledem besteht Hoffnung: Brasilianische Politiker*innen, die lange Zeit davon ausgingen, dass Naturschutzprojekte in Wahrheit schlecht getarnte Verschwörungen des Westens seien, um in den Amazonas einzudringen, ihn zu erobern und seinen Reichtum zu stehlen, erwägen endlich die Möglichkeit, das Tempo, mit dem sie den Regenwald abtöten, zu reduzieren. Die Beweise für den vom Menschen verursachten Klimawandel sind nicht länger zu übersehen. Selbst der brasilianische Präsident ist mittlerweile alarmiert: Wenn „die Regenmaschine des Amazonas" gestört wird, ist Brasiliens südlicher Brotkorb dem Untergang geweiht. Umweltschützer hierzulande und in Brasilien hoffen, dass sich die Naturschutzpolitik als Folge dieser Bedrohung ändern wird.

Die Politik Perus steht zwar nicht unter Überwachung, handelt jedoch um einiges vernünftiger. Hier gibt es zumindest Schutzgebiete – und ein Schutz auf dem Papier ist immer noch besser als gar kein Schutz. Laut einer 2007 veröffentlichten Studie der Abteilung für globale Ökologie der Carnegie-Institution sind Perus Schutzgebiete 18-mal wirksamer, wenn es um die Reduzierung der Entwaldung geht, als ungeschützte Gebiete. Im Bericht heißt es, dass die Entwaldungsrate in Peru dank der Schutzgebiete zu den niedrigsten aller tropischen Länder zählt. (Dennoch stellt jene Studie, die auf

Satellitenerhebungen basiert, ebenfalls fest, dass zwischen 1999 und 2005 jährlich 249 Quadratmeilen Wald zerstört wurden, wobei jedes Jahr weitere 244 Quadratmeilen Wald beschädigt, aber nicht zerstört wurden.)

Im Jahr 2007 wurde das Gemeinschaftsreservat Tamshiyacu-Tahuayo in Peru, in dem ein Großteil der Erzählung in diesem Buch spielt, erheblich vergrößert, was zum Großteil auf die langjährige Arbeit des Regenwaldschutzfonds mit den örtlichen Gemeinden zurückzuführen ist. Ich unterstütze diese Arbeit, indem ich dem Vorstand des RCF beigetreten bin. Als meine Mutter starb, habe ich den Erlös aus dem Verkauf ihrer häuslichen Habseligkeiten der Organisation gespendet. Die Adresse von RCF sowie weiterer wichtiger Akteure im Amazonas-Schutzgebiet finden Sie auf der Rückseite dieses Buches.

Nicht alles ist verloren. Noch nicht. Ich liebe die Delfine und den Amazonas zu sehr, um aufzugeben. Die rosa Delfine geben mir eine besondere Hoffnung. Schließlich waren diese geschmeidigen Wale, wie alle Wale, einst schwerfällige Landtiere. Wie die Einheimischen des Amazonas berichten, kehren sie noch immer ab und an zurück an Land. Legenden besagen, dass sie dabei sogar manchmal die Gestalt von Menschen annehmen. Rosa Delfine sind der Beweis dafür, dass eine wundersame Wandlung möglich ist – vielleicht sogar für uns.

Sy Montgomery
26. April 2008
Hancock, NH

Das Abenteuer beginnt

Die Tage sind voller Wasser. Die Regenzeit hat die Fußballplätze, die Bananenhaine und die Maniokfelder überflutet, ja sogar ein paar Pfahlhäuser, die zu nahe am Ufer des Flusses stehen. Junge Bäume ragen kaum noch aus dem Wasser und Fische fliegen wie Vögel durch ihre Zweige. Auch bei den großen Bäumen reicht die Flut so hoch hinauf, dass man die Orchideen, die auf ihnen wachsen, und die Nester, die Papageien und Bambusratten sich in den Höhlen des Stammes eingerichtet haben, in Augenhöhe hat, wenn man im Kanu steht. Die Tank-Bromelien auf den weit gebreiteten Ästen sind kleine Seen für sich. Ihre Blätter formen Schalen, die das Wasser halten. Über fünfhundert verschiedene Arten von Lebewesen hat man in einer einzigen Bromelie gezählt. Sie sind eigene kleine Wasserwelten.

Jeder Tag bringt neue, überraschende Formen von Regen. Manchmal wütet ein Unwetter mit Blitz und Donner, bricht Äste, schleudert Tiere aus den Bäumen und verzieht sich dann wieder. »Das ist ein männlicher Regen«, sagt Moises, unser einheimischer Guide. Ein Regen, der stundenlang anhält, an- und abschwillt und kein Ende nehmen will, so erklärt er, ist dagegen ein weiblicher Regen, »denn eine Frau kann einen ganzen Tag lang weinen«.

Und so, wie die Tage voller Wasser sind, sind die Nächte voller Geräusche. Es ist, als ob alles, was man am Tag sehen kann – Bäume, die mit Lianen verschleiert sind wie Bräute, Blätter von der Größe eines Paddels, Vogelnester, Ameisen- und Termitenbauten, die wie Geschwüre, wie Kröpfe oder wie Brüste an den Stämmen hängen –, nachts in Geräusche verwandelt würde. Aus den Bäumen, aus dem Boden, aus dem Wasser dringen Stimmen wie Glöckchen oder kleine

Flöten: Triller, Schreie, Warnlaute, Klagetöne. Sie sprechen die Sprache des Wassers. In der Regenzeit klingt der Nachtruf des Sonnentauchers wie Wassertropfen, die in eine Blechtasse fallen. Eine Nachtschwalbe schreit den Namen des Flusses: »Ta-hua-yo! Ta-hua-yo!« Die Stimmen der Baumfrösche klingen wie Blasen, die im Wasser aufsteigen und durch die Oberfläche stoßen.

Der Fluss ist der Spiegel, der in eine andere Welt führt. Er ist glatt wie Glas und spiegelt am Tage Wald und Himmel in vollkommener Ruhe wider – und doch fließt er so schnell, dass die Strömung jeden, der sich ohne Schwimmweste hineinwagt, sofort auf den Grund zieht. Die Leute am Fluss erzählen von *Encante*, einer verzauberten Stadt unter Wasser, deren Bewohner und Bewohnerinnen sie *encantados*, die Verzauberten, nennen. Wer einmal dorthin kommt, will nicht wieder zurück. So schön ist Encante.

Nachts scheinen die Sterne im Wasser sogar noch heller als am Himmel. Oben leuchten die Sternbilder, unten ihre funkelnden Spiegelbilder und in den Bäumen die glühenden Augen von Wolfsspinnen, Schlangen und Baumfröschen. Im Kanu hat man das Gefühl, durch die zeitlose Sternenlandschaft des Weltraums zu gleiten.

Aber wenn man stehen bleibt und wartet, kommen die Encantados. Zuerst fühlt man nur kleine Blasen unter dem Boot aufsteigen wie Perlen an einem Zaubernetz, das von unten her ausgeworfen wurde. In mondlosen Nächten hört man nur den Atem. Aber bei Mondschein kann man sehen, wie sich etwas aus dem Wasser erhebt und die Gestalt eines Delfins annimmt. Vielleicht bricht direkt neben dem Kanu ein Gesicht aus dem Fluss, das einer anderen Welt angehört und trotzdem auf eine unheimliche Weise vertraut wirkt. Die Stirn ist klar umrissen, wie bei einem Menschen. Der lange Schnabel ragt heraus wie eine Nase. Die Haut ist zart wie unsere eigene. Manchmal ist sie weiß oder grau – und manchmal, erstaunlicherweise, auch *rosa*. Er wendet sich dir zu, schaut dich an und keucht: »Tschaaaaah!«

In Brasilien nennt man den rosa Delfin *boto*. Man erzählt sich, der Boto könne sich in einen Menschen verwandeln. Bei den dörflichen Festen verführe er Männer und Frauen. Man müsse vorsichtig sein, sonst werde man für immer nach Encante entführt, in die Märchenstadt unter Wasser. Die Schamanen sagen, schon allein sein Atem hätte Zauberkraft und könne vergiftete Pfeile abschießen. Sein wissenschaftlicher Name ist *Inia geoffrensis*. Er gilt als Vertreter einer sehr alten Art der Zahnwale – er ist ein Süßwasserdelfin, der in einer Zeitkapsel aus dem Miozän überlebt hat, aus einer Zeit, als riesenhafte Alligatoren, größer als der Tyrannosaurus Rex, im flachen Wasser lauerten, und mannsgroße, flugunfähige Raubvögel mit messerscharfen Klauen ihre Beute rissen.

Jeder, der einem Encantado begegnet, wird von seinem Zauber berührt. Sein Bewusstsein verändert sich, es hat Geisterstimmen und fremde Träume in sich aufgenommen und den heißen, wispernden Atem des Regens auf dem Fluss. Hier im Amazonasgebiet, wo die Begierden verzehrender und die Tragödien düsterer sind als anderswo, kann auch das Unmöglichste wahr werden.

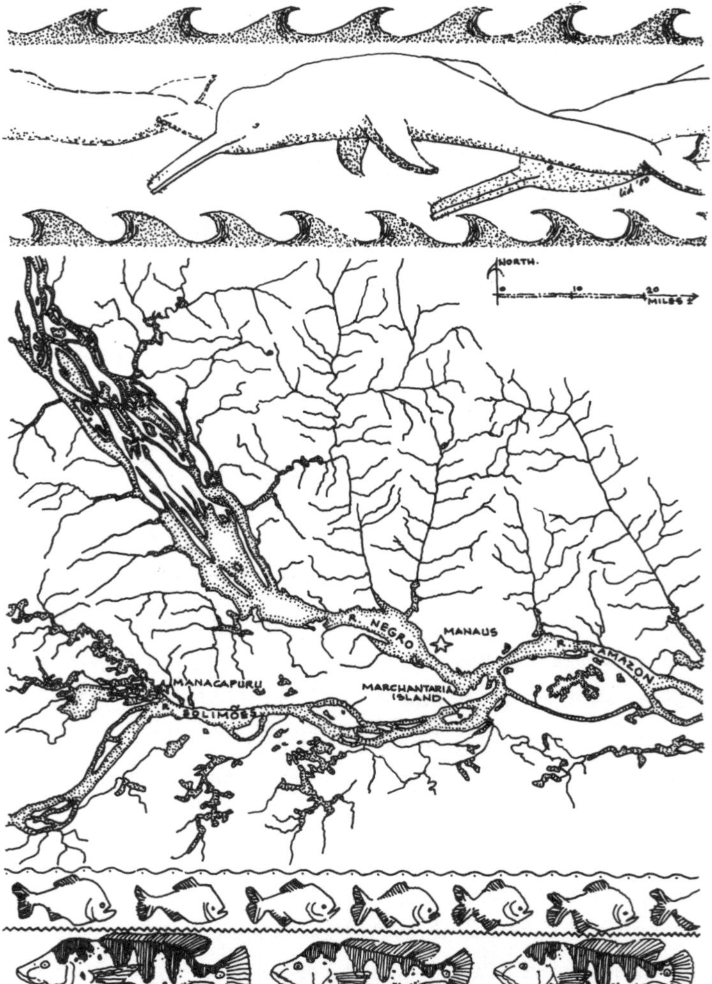

Der Zusammenfluss

Manaus: Das Paris der Tropen

Mitten im größten Regenwald der Erde, tausend Meilen von der Küste entfernt, steht am Amazonas ein Opernhaus.

Jedes einzelne Teil davon ist per Schiff über den Atlantik gebracht worden. Das gusseiserne Gerippe kam aus Glasgow, der Marmor aus Verona und Carrara, das Zedernholz aus dem Libanon, die Seide aus China. Hundert Seekisten voll Mobiliar, fein geschnitzt und mit Samt gepolstert, wurden aus London herangeschafft. Nur das Holz der Parkettböden – Eiche, Brasilholz und Jakaranda, insgesamt 12.000 Teile – stammte aus Brasilien. Aber sogar das wurde in Europa bearbeitet und schließlich von portugiesischen Fachleuten verlegt, die man eigens herübergebracht hatte.

Die Innenwände wurden von Domenico de Angelis, dem berühmtesten italienischen Kirchenmaler, nach dem Vorbild europäischer Kirchen gestaltet. Auf den Deckenfresken sind die vier beteiligten Künste dargestellt, umgeben von Engeln und Putten: rechts von der Bühne der Tanz, links die Musik, hinten die Tragödie und vorne die höchste Kunst, die Oper, in der sich die anderen drei vereinigen. Ein Mosaik aus 36.000 glasierten Kacheln in Blau, Grün und Gold krönt die Kuppel. Das Gewölbe erhebt sich über einer klassizistischen Konstruktion mit geschwungenen Aufgängen und säulengetragenen Vorhallen. Mit seinen überreichen weißen Verzierungen erinnert das ganze Gebäude ein bisschen an eine Hochzeitstorte. Die Fassade ist rosa wie die Delfine der

Gewässer, die dieser Stadt ihren unermesslichen Reichtum brachten.

Der Bau des Teatro Amazonas dauerte über 15 Jahre und kostete zwei Millionen Dollar. Bei seiner Eröffnung im Jahr 1896 wurde es als schönstes Opernhaus der Welt gerühmt. Man sagt, es sei eigens errichtet worden, um Enrico Caruso anzulocken. Aber er ist nie gekommen. Während man auf den großen Tenor hoffte, starben 16 Mitglieder der italienischen Operntruppe, die gerade in Manaus auftrat, bei einer Gelbfieberepidemie. Im Durchschnitt fielen jährlich etwa dreihundert Einwohner der Malaria zum Opfer. Auch Todesfälle durch Schlangenbisse waren nicht selten. Auf den Straßen ging es zu wie im Wilden Westen: Es war zwar verboten, mit Pistolen oder mit Pfeil und Bogen zu schießen, aber kaum jemand hielt sich daran.

Trotzdem strömten die Menschen ins Theater, festlich gekleidet, mit Diamanten geschmückt, und füllten die 1.600 Plätze des harfenförmigen Zuschauerraums. Mit der steigenden Autoproduktion wuchs der Bedarf an Reifen. Der milchige Saft des Gummibaums, den man dafür brauchte, wurde aus Tausenden Nebenflüssen nach Manaus geschafft und bescherte der Stadt einen sagenhaften Reichtum. Diamanten wurden eine Art Zweitwährung, mit der die Menschen nur so um sich warfen. Sie blitzten in der schwarzen Spitze der Fächer, manche Damen ließen sich die Zähne damit besetzen. Eine Kellnerin, die einem Gast eine Kleinigkeit servierte, konnte durchaus einmal einen Diamanten als Trinkgeld bekommen und eine erstklassige Kurtisane durfte ein Brillantcollier als Bezahlung erwarten. Die Preise in Manaus waren viermal so hoch wie in New York, und trotzdem tränkten die Kautschukbarone ihre Pferde mit französischem Champagner und ließen sich Armaturen aus purem Gold in die Bäder einbauen. Es gab Damen, die ihre Wäsche in Portugal waschen ließen.

Die Kehrseite der Medaille war, dass diejenigen, die den Kautschuk sammelten und verarbeiteten, die Ureinwohner des Amazonas, versklavt und in Ketten gehalten wurden. Die viertausend Tonnen Gummi, die der Kautschukbaron Julio César Arana in zwölf Jahren verschiffte, brachten ihm in London siebeneinhalb Millionen Dollar ein und kosteten dreißigtausend Menschen der indigenen Bevölkerung das Leben. »Tatsache ist«, schreibt der Historiker Richard Collier in seinem Buch *The River That God Forgot*, »dass die Kautschukbarone ihre reiche, verruchte Stadt auf den Leichen der Ureinwohner errichteten – und die Exzesse ihrer Lebensweise lassen ahnen, dass ihnen das auch bewusst war.«

So strömten sie in ihr Opernhaus wie Büßer in die Kirche, um unter den Engeln zu sitzen, umgeben von den Namen der größten europäischen Künstler. Auf den 22 Marmorsäulen zwischen den Logen sind Masken der griechischen Tragödie angebracht, und die dazugehörigen Schriftbänder tragen die Namen von Goethe, Rossini, Molière, Shakespeare, Mozart, Wagner, Beethoven, Lessing, Verdi …

Die Masken blicken auf den Amazonas, wie er in den schwärmerischen Vorstellungen der Europäer aussah. Blickfang im Opernhaus ist das Gemälde auf dem Bühnenvorhang, das den Titel *Der Zusammenfluss* trägt. Es stammt von Crispim do Amaral, einem Brasilianer, der in Paris lebte und Bühnenbildner an der Comédie-Française war. Die hellhäutige, nackte Göttin Amazonas ruht lässig auf einem weichen Lager. Sie lehnt sich zurück, ein Knie gebeugt, als wolle sie die Schenkel öffnen für die zwei bärtigen Flussgötter zu ihren Seiten, den Solimões und den Negro. Die beiden umspielen sie wie Delfine und bringen ihr Blumengirlanden. Ihre Wasser sind so blau wie die Donau im Lied.

Der wirkliche Zusammenfluss ist etwa zehn Kilometer von Manaus entfernt, und die Fluten sind durchaus nicht einheitlich blau, sondern sehr unterschiedlich. Der Solimões (wie der Amazonas in seinem Mittellauf auch genannt wird) ist rahmfarben, der Rio Negro kaffeebraun. Die gegensätzlichen Flüsse vereinigen sich hier, um die restlichen 1.600 Kilometer bis zum Meer unter dem Namen Amazonas zurückzulegen. Das dunkle Wasser des Negro stammt aus dem seit Jahrmillionen ausgelaugten brasilianischen Hochland; es kann organische Chemikalien nicht auflösen und enthält daher Säuren. Für die Färbung sind Tannine verantwortlich. In diesem Wasser gibt es kaum Leben. Das schlammige Wasser des Amazonas dagegen verdankt seine helle Farbe dem nahrhaften Schlick, den seine Quellflüsse in großen Mengen aus den geologisch jungen Anden mitbringen. Es wimmelt darin von Piranhas und Zitteraalen und sonstigem Wassergetier. Die rosa Delfine jagen gern an diesem Zusammenfluss, weil die Fische, verwirrt durch die plötzliche Änderung der Bedingungen, hier leichte Beute sind.

Wegen ihrer verschiedenen physikalischen Dichte vermischen sich die Flüsse nicht sofort, sondern laufen etwa sechs Kilometer lang nebeneinander her wie Liebende, die nicht zusammenkommen können. So geben sie kein schlechtes Symbol ab für das Leben im Amazonasgebiet, für den Zusammenprall verschiedener Historien und gegensätzlicher

Wesensarten, für das Nebeneinander von Schönheit und Grausamkeit, Leidenschaft und Verzweiflung, Leben und Tod.

Morgen werde ich an diesem Zusammenfluss übernachten, auf dem Boden einer Hütte, die auf Balken schwimmt und an einem Baum festgebunden ist. Heute aber blicke ich über eine rote Samtbrüstung, auf Augenhöhe mit einem französischen Kronleuchter aus Gold und Kristall, in Gesellschaft von Mozart und Molière, den Musen des Tanzes und der Tragödie, und leider auch von Moskitos, die sich an meinen Knöcheln laben.

Der Bühnenvorhang ist hochgezogen; man sieht nur mehr den unteren Teil des Gemäldes. Die Wasser des Amazonas scheinen sich über den Saum ins Publikum zu ergießen. Das Orchester stimmt sich ein. Die Pauke klingt wie ein Donner.

Donner war es auch, der mich in meiner ersten Nacht in Brasilien weckte. Der Lärm war so stark, dass ich ihn in allen Knochen schmerzhaft spürte. Blitze zuckten grell durchs Zimmer. Der Regen tobte gegen Dach und Mauern wie ein rasender Dämon aus dem Dschungel. Ich brachte es nicht fertig, aufzustehen und aus dem Fenster zu schauen; die Gewalt des Regens lähmte mich förmlich.

Meine Freundin und Fotografin Dianne Taylor-Snow lag im Bett neben mir. Ich sah die Glut ihrer Zigarette in der Dunkelheit und hörte, wie sie sagte: »Wir sind hier nicht in Kansas, Sy.«

Dianne war wie immer schon seit Stunden wach. Dass sie mit extrem wenig Schlaf auskommt, ist nur eins ihrer vielen Talente. Sie kann vom Heck eines Bootes aus ins Wasser pinkeln und auf Indonesisch fluchen.

Vor fünf Jahren hatten wir gemeinsam in Bangladesch unsere ersten rosa Delfine gesehen. Wir waren per Boot in den schlammigen Gewässern von Sundarbans unterwegs, um nach Tigern Ausschau zu halten. In diesem größten Mangrovensumpf der Welt gibt es eine Menge Tiger, doch wir bekamen keinen zu Gesicht.

Eines Tages öffnete sich das braune, undurchsichtige Wasser für einen Augenblick und drei graurosa Wesen tauchten auf, glitzerten in der Sonne und verschwanden wieder. Verwundert starrten wir ihnen nach; sie erschienen noch einmal, seidig glänzend, und glitten dann endgültig zurück in die Tiefe. Erst dann wurde mir klar, was wir da gesehen hatten: Delfine!

Immer, wenn ich Delfine sehe, spüre ich ein Gefühl der Zusammengehörigkeit – als sähe ich mein eigenes Spiegelbild im Wasser. Ich habe schon in vielen Meeren und in manchem Aquarium Delfine gesehen, aber ihr Anblick überrascht mich jedes Mal aufs Neue. Äußerlich sind sie Fischen ähnlicher als Säugetieren, sie leben in einer Welt, die uns Landbewohnern gänzlich fremd ist. Und dennoch scheint es eine geheimnisvolle Verwandtschaft zwischen ihnen und uns zu geben. Der Verhaltensforscher John Lilly, der sich auch mit der Kommunikation zwischen Menschen und Delfinen befasst hatte, nennt sie »Meeresmenschen«.

Ich hätte es nicht für möglich gehalten, dass Delfine in so trübem Wasser wie in Sundarbans leben könnten. Aber dann erinnerte ich mich, dass sie zwar sehen können, sich aber hauptsächlich mithilfe eines außerordentlich feinen Sonarsystems zurechtfinden.

Sekunden nur, und sie waren wieder verschwunden. Ihr Bild blieb mir jedoch lange in Erinnerung; für mich kam es einer Verheißung gleich.

Ich reiste noch drei weitere Male nach Sundarbans. Und obwohl ich dabei jedes Mal Delfine sah, überraschten sie mich stets so sehr, dass ich nur flüchtige Blicke auf einen Hinterkopf oder eine Rückenflosse erhaschen konnte. In der Fachliteratur fand ich kaum etwas über Süßwasserdelfine. Es gibt weltweit fünf Arten davon, über keine von ihnen weiß man wirklich viel.

Die Flussdelfine ließen mich nicht mehr los. Zu Hause in New Hampshire schwammen sie verführerisch durch meine Träume. Jahre später, bei einer Tagung über Meeressäuger, traf ich einen Mann, der mir den Grund dafür nannte. Er sagte, rosa Delfine würden die Seele gefangen nehmen.

Er erzählte mir außerdem, dass im Amazonasgebiet eine andere Art rosa Delfin vorkommt, die den Namen *Inia geoffrensis* trägt (*Inia* ist die Bezeichnung der Guarayos für »Delfin«). Benannt ist sie nach Étienne Geoffroy Saint-Hilaire, der den Portugiesen ein paar Exemplare stahl und sie Napoleon mitbrachte. Diese Delfine sind lebhafter und auch zahlreicher als die von Sundarbans, aber genauso rätselhaft.

Auf dieser Tagung waren ein paar Forscherinnen und Forscher anwesend, die sich mit den Delfinen befassten, doch ihre Ergebnisse waren mager. Meist wussten sie nicht einmal, wie viele Delfine sich in ihrem Untersuchungsgebiet aufhielten, welche sozialen Strukturen es in den Gruppen gab und ob sie sich immer in derselben Gegend aufhielten oder wanderten. Genauso wenig wussten sie, warum die Delfine rosa sind. Die meisten Fachleute gaben sogar zu, dass sie auch nach langjähriger Forschung die einzelnen Tiere nicht auseinanderhalten konnten.

Für die Leute, die am Fluss leben, ist dies keine Überraschung. Sie behaupten, dass die rosa Delfine ihre Gestalt verändern können. Sie würden sich einzelner Seelen bemächtigen und die Menschen in ihre verzauberte Welt am Grund des Flusses mitnehmen.

Die rosa Flussdelfine leben tatsächlich in einer Zauberwelt: dem Amazonasgebiet. Ich hatte mir schon immer gewünscht, eines Tages dort hinzureisen. Wie viele Mythen, wie viele magische Worte verbanden sich mit dieser Welt: El Dorado, das Goldland, ein weißer Fleck auf der Landkarte, ein legendäres Volk mutiger Kriegerinnen, ein unberührtes Paradies. Auch heute übt der Amazonas eine magische Anziehungskraft aus; er ist das Ziel vieler Sehnsüchte.

Ich erkannte auf jener Tagung, was mein nächstes Ziel sein würde: Ich würde den Delfinen folgen. Dianne war begeistert und schloss sich mir an.

Und so hat es uns beide in diese unwirkliche Stadt verschlagen, dieses Paris im Dschungel, wo das Wasser nicht nur im Fluss strömt, sondern auch Himmel und Erde überschwemmt. Am Zusammenfluss von Rio Negro und Solimões, so hatte man uns gesagt, würden wir Delfine finden. Und wir hatten keine Ahnung, wohin sie uns führen würden.

Nach diesem ersten Unwetter in Brasilien wussten wir jedoch eines mit Sicherheit: Wo auch immer uns die Reise hinführen würde, es würde dort nass sein.

Dianne hatte wie üblich ihre Ausrüstung im ganzen Zimmer verstreut. Es sah aus wie ein Warenlager: hier ein kleiner Föhn mit Adapter; dort eine Hängematte, die zusammengerollt nicht größer war als eine Grapefruit; ein aufblasbares Reisekissen (aus Diannes Zeit als Stewardess); vier Toilettentaschen mit Lippenstiften und Wimpernzange, Augenbrauenstift und ähnlichem Kram aus ihrer Zeit als Model; Babyflaschen und Milchpulver für den Fall, dass wir verwaiste Tierbabys fanden (das stammte aus der Zeit, als sie in einer Auswilderungsstation für Orang-Utans arbeitete); luftdicht verschweißte Päckchen mit Rosinen, Erdnüssen und Gatorade-Pulver; Pillen gegen Würmer in den inneren Organen; ein beheizbarer Lockenstab; eine chirurgische Ausrüstung mit Skalpellen und Einwegspritzen; ein Wasserfilter (für vierhundert Dollar!), der Viren aussortiert; Taschenmesser und Feuerzeuge als Geschenke für die Dorfbewohner; ein Gerät, mit dem man Schlangenbisse aussaugen konnte – und Opernkleidung.

Ich wickelte mich in meinen feuchten Poncho und schlief wieder ein. Der Regen folgte mir bis in meine Träume.

Am Morgen war das Unwetter in einen normalen Regen übergegangen, dessen Tröpfeln, Spritzen und Platschen sich mit den Autohupen und den Trillerpfeifen der Polizisten mischte. Auf den nassen Straßen von Manaus glitten die Autos dahin wie Kanus. Es hatte durchs Hoteldach geregnet und man versuchte, die Pfützen in der Halle mit alten Badematten aufzuwischen. Der Pool auf dem Dach war übergelaufen.

Wir saßen im Restaurant des Hotels Monaco im zwölften Stock und schauten hinunter auf die glänzende Kuppel des Teatro Amazonas, auf das viktorianische Zollgebäude und diese genialen Schwimmdocks – von britischen Ingenieuren gebaut –, die bis zu zehn Meter steigen können, wenn der Rio Negro anschwillt.

Der Plan, ein »Paris der Tropen« zu schaffen, stammte von Eduardo Gonçalves Ribeiro, einem Ingenieur, der schon mit dreißig Jahren Gouverneur des ungeheuren Staates Amazônia wurde. »Ich kam in ein Dorf«, so rühmte er sich später, »und habe eine moderne Stadt daraus gemacht.« So klein seine Statur auch gewesen sein mag, so groß war seine Begierde: nach Gold, Frauen und Ruhm. Noch vor der Amtsübernahme entwarf er schon Pläne für das Projekt, das ihm besonders am Herzen lag: das Opernhaus. Es trägt seinen Namen in mannshohen Lettern auf seiner rosa Fassade.

Er erhob eine zwanzigprozentige Steuer auf allen Kautschuk, der die Stadt verließ, legte dreißig Meter breite Straßen an, ließ sie mit Kopfsteinen aus Portugal pflastern und mit Bäumen aus Australien und China säumen. Er verpflichtete keinen Geringeren als Gustave Eiffel für den Entwurf einer Markthalle, die wie die Pariser Hallen aussehen sollte, und eines Justizpalasts, der dem Schloss von Versailles gleicht. Manaus bekam den elektrischen Strom früher als London und ein Telefonsystem früher als Rio de Janeiro. Während New York und Boston sich noch mit der Pferdebahn begnügten, genoss man in Manaus den Luxus einer elektrischen Straßenbahn, die rund um die Uhr verkehrte. Wie wir so von der Höhe des Dachrestaurants auf die Stadt hinunterschauten, bevölkerten wir sie in der Fantasie mit eleganten Damen in Seidenkleidern und extravaganten Hüten.

Als wir schließlich hinabstiegen, fanden wir stattdessen jedoch Frauen in engen Polyesterkleidern, mit grellbunten, billigen Plastikspangen im Haar. Was wir zunächst für die Aufmachung von Prostituierten hielten, stellte sich sehr bald als normale Alltagskleidung heraus. Ganz gleich ob in der Bank, in der wir Geld wechselten, im *supermercado*, im Bus zum Amazonas-Forschungsinstitut – die vorherrschenden Kleidungsstücke waren überall bikiniartige Oberteile und knallenge Stretch-Höschen. Auch rundliche alte Frauen und Hochschwangere tragen enge, kurze Kleider. Ihre Brüste schwanken in den bunten Büstenhaltern wie in Hängematten. Jeans sind so eng, dass sie an den Nähten platzen, und häufig steht auch der Hosenknopf offen, weil die Fülle nicht mehr zu bändigen ist.

Im Fischmarkt quellen die ungeheuren nackten Bäuche der Männer über den Hosenbund wie Schaum über den Rand des Bierkrugs. Manaus schwelgt in seiner Üppigkeit: Brüste, Bäuche, Hinterteile. Alle, ganz gleich wie dick oder alt, stellen mit Stolz aus, was sie haben, und stoßen damit auf allgemeinen Beifall. Ähnlich groß ist die Freude an der Musik. In allen Läden, Bussen und Restaurants dröhnen Rockmusik, Samba und *Boi-Bumbá*. Der Lärm quillt auf die Straßen hinaus und verteilt sich nach allen Seiten wie das Wasser eines Springbrunnens. Auch an Abfall herrscht Überfluss; was man nicht mehr braucht, wirft man mit großzügiger Geste weg.

Es ist, als habe die Regenzeit die Fruchtbarkeit des Landes entfesselt. Selbst die Bäume am Straßenrand hängen voller Früchte – Guajaven, Mangos, Avocados – und lassen sie freigebig auf die Gehsteige fallen. In den Straßen riecht es nach überreifen Früchten, nach Fett und nach dem Fleisch, das an jeder Ecke an Spießen über Holzkohlenfeuern gebraten wird. Ein kleines Mädchen brät Hühnerfüße. Sie ist anrührend schön mit ihrem dichten Haar, ihren hohen Wangenknochen und grünen Augen. Sie schenkt uns ein strahlendes Lächeln.

Wir befinden uns mitten in einem Land, das menschliches Elend im Übermaß hervorbringt. Alle sechs Sekunden stirbt ein brasilianisches Baby an Durchfall, jede halbe Stunde erkrankt ein Brasilianer an Lepra und ein zweiter an Tuberkulose. Jedes Jahr gibt es eine Million Fälle von Malaria und zehn Millionen von Bilharziose. Und doch fühlt man sich in Manaus angesteckt vom sinnlichen Lebensgenuss, von der genießerischen Hingabe ans Essen, an die Kunst und an Sex.

In Manaus gibt es zwei Tempel, in denen die Lebensfreude der Bevölkerung gefeiert wird: das Opernhaus und den Fischmarkt.

In der städtischen Markthalle mit ihren eisernen Streben und dem farbigen Glas heben Männer mit goldenen Halsketten stolz ihre Fische hoch, wenn wir fotografieren wollen. Junge Männer mit schweißnasser Brust und angespannten Muskeln schleppen riesige Säcke von den Docks herein. Wir befinden uns auf dem weltgrößten Markt für Süßwasserfische – über zweihundert verschiedene Arten werden in Manaus angelandet – und es gibt die eigentümlichsten Fische zu kaufen. Die silbrigen Scheiben vom Pirarucu sind so groß, dass sie über die Theke hängen. Die rotäugigen Tucunarés haben auch am Schwanz leuchtende Augen, wie die auf Pfauenfedern. Der fette schwarze Tambaqui liegt neben Pyramiden von Piranhas und großen Mengen räuberischer Welse, die mit ihren langen Schnurrbärten aussehen wie chinesische Kaiser und zum Teil giftige Dornen haben.

Aber auch hier sind die Gewässer überfischt, und manche Fische, die früher in den Gefängnisküchen Verwendung fanden, sind heutzutage zu teuer für die Normalverbraucher.

Auf dem Markt aber hat man nicht den Eindruck, dass die Bestände geringer werden oder gar Mangel droht. Die verschwenderische Fülle, die Fremdartigkeit und Schönheit der Fische wirken geradezu berauschend. Die Fischer drapieren ihren Fang mit viel Liebe auf den weiß gekachelten Tischen und begießen ihn immer wieder mit Wasser, das dann in glitzernden Wasserfällen auf den Boden platscht.

An den Ständen der Metzger hängen Schweine, Rinder und Lämmer an Haken, noch komplett mit Hufen und Köpfen. Die Hände der Männer sind glitschig vom Blut. Auf den Obst- und Gemüseständen türmen sich die Produkte des fruchtbaren Landes: riesige, weich duftende Avocados, gelbe Melonen, bunte Kürbisse, glänzende Limetten und unbekannte Früchte mit verlockenden Namen wie Jenipapo, Acerola oder Pitomba. Die lächelnden Verkäufer schwätzen über diese Berge hinweg miteinander.

Der ganze Markt ist eine einzige Kultstätte prallen, sinnlichen Lebens.

Die Lichter im Zuschauerraum gehen aus. Unter Beifallsstürmen öffnet sich der rote Samtvorhang. Zum ersten Mal seit fast hundert Jahren wird im Teatro Amazonas wieder eine Oper aufgeführt: Die Staatsoper Minsk und ihr Ballett gastieren mit Verdis *La traviata* zu einer verspäteten Jahrhundertfeier des Hauses. Es ist unser letzter Abend in Manaus.

Auf der Bühne ist das Fest im Haus der Kurtisane Violetta Valéry in vollem Gang. Damen in Rüschen, Spitzen, Samt und Seide, mit kostbaren Fächern und funkelnden Juwelen, Herren im Frack, Champagner in Strömen – die Szene hat eine gespenstische Ähnlichkeit mit dem gesellschaftlichen Leben der letzten Zuschauer, die vor neunzig Jahren diesen Raum füllten. Dann brach der Kautschukboom in Manaus ganz plötzlich zusammen. Samen des Gummibaums waren aus dem Land geschmuggelt worden und Kautschuk aus asiatischen Plantagen kam billig auf den Markt.

In Manaus brach Panik aus. Alle wollten möglichst schnell weg. Für einen Platz auf den Dampfern nach Europa und den USA zahlte man bereitwillig eine Handvoll Diamanten. Im Jahr 1912 wurden 140 der elegantesten Herrenhäuser von Manaus versteigert. In der Eile konnten sich viele nicht mehr von ihren Freunden verabschieden und veröffentlichten ihre Grüße in den Familienanzeigen des *Jornal do Commercio*. Das Kaufhaus Paris in America halbierte die Preise für Parfüms, Tigerfelle und Konzertflügel. Beamte warteten ihr Gehalt nicht mehr ab. Studierende rebellierten, die Hochschulen schlossen. Im Opernhaus gingen die Lichter aus. Das goldene Zeitalter von Manaus war zu Ende.

Aber die Geister aus jener Zeit gehen noch um. Wer hier reich werden wollte, riskierte viel. Ein Moskitostich oder ein Schluck Wasser konnte den Tod bedeuten. Bei allem Luxus: Sicherheit war nicht zu kaufen. Man konnte die Wäsche zum Waschen nach Portugal schicken, aber man konnte nicht verhindern, dass die Kinder am Fieber starben.

Auf der Bühne hat nun auch Violetta erkannt, dass Reichtum nicht alles ist. Aus Liebe zu Alfredo Germont will sie ihr luxuriöses Leben aufgeben, das ihr nun leer erscheint. Als das hinreichend klar ist, schließt sich der rote Vorhang.

Ich frage Dianne, wie es ihr bisher gefallen habe. Es ist ihre allererste Oper. »Ich hätte nicht gedacht, dass Oper so laut ist«, sagt sie und geht hinaus, um eine Zigarette zu rauchen.

Es gibt auch noch andere Geister, die in der Oper hausen. In den finsteren Winkeln des Gebäudes hausen die Geister der indigenen Völker, deren Ausbeutung den ganzen Reichtum erst möglich machte. Die Aufseher der Kautschukbarone mussten für den kontinuierlichen Nachschub an Kautschuk sorgen; bei den Methoden hatten sie freie Hand. Ein Händler am Fluss Madre de Dios hielt sechshundert indigene Mädchen wie Zuchtvieh. Sie sollten für künftige Arbeitskräfte sorgen. Manchmal machte sich einer den Spaß, die Gefangenen zu fesseln und ihnen die Genitalien wegzuschießen. Ein Aufseher in Peru ließ, als die Quote einmal nicht erfüllt wurde, zur Strafe die Kinder der Ureinwohner schlachten und an die Wachhunde verfüttern. Ein anderer erschoss zur Feier des Osterfestes höchstpersönlich 150 Chontaduras, Ocainas und Utiguenes. Alle, die nicht sofort tot waren, wurden auf einen Haufen gelegt, mit Benzin übergossen und lebendig verbrannt.

Man spürt förmlich die vielen unerlösten Seelen in der Atmosphäre des Hauses, auch die der italienischen Musiker und Sängerinnen, die bei Malaria- und Gelbfieberepidemien ums Leben kamen. Und schließlich geistert auch der Gouverneur Ribeiro durchs Haus. Man sagt, er sei sexbesessen und masochistisch gewesen und habe sich in sexueller Raserei selbst erwürgt, drei Monate bevor sein geliebtes Opernhaus eröffnet wurde.

Neunzig Jahre lang haben sie alle keine Oper mehr gehört.

Die Geschichte der *traviata* nimmt inzwischen ihren Fortgang: Liebesglück in Alfreds Haus, Geldsorgen und die Bemühungen des Vaters Germont, das Verhältnis zu beenden, und schließlich Violettas Verzicht und Flucht nach Paris. Und so weiter bis zum bitteren Ende. Ganz am Schluss herrschen neben der Trauer immerhin auch Verzeihung und Erlösung.

Die Schönheit der Musik wirkt wie ein Sühneopfer. Die Gier der Europäer hat Leid, Krankheit und Tod über die Ureinwohner des Dschungels gebracht. Dieses absurde rosa Gebäude im Urwald sollte wohl auch eine Art Rechtfertigung Europas darstellen. Aber gegen so viel Schuld ist Schönheit machtlos. So leicht sind die Geister nicht zu vertreiben.

Der Applaus verhallt. Der Urwald ruft.

Ein rosa Rücken kann auch entzücken

Am Morgen unserer Abreise zum Zusammenfluss von Solimões und Rio Negro mussten wir unbedingt noch ein gefrorenes Hähnchen besorgen. Das hatte mir Vera da Silva in unserem letzten Gespräch dringend ans Herz gelegt, einem Gespräch, das bei mir den Eindruck hinterließ, unsere Expedition sei gescheitert, bevor sie noch begonnen hatte.

Vera hätte uns auf der Reise begleiten sollen. Vera ist am Instituto Nacional de Pesquisas da Amazônia (INPA) Direktorin der Abteilung für Wassersäugetiere und erforscht die rosa Delfine schon länger als irgendjemand sonst. Wir hatten uns auf der Meeressäuger-Konferenz in den Vereinigten Staaten kennengelernt.

Sie hatte sich bereit erklärt, uns zu den rosa Delfinen zu bringen. Dorthin, wo sie vor elf Jahren begonnen hatte, ihr Verhalten zu studieren: an einem See namens Marchantaria im Überschwemmungsgebiet des Rio Solimões, gleich nach dem Zusammenfluss.

Ich hatte Veras Arbeiten gründlich studiert und war voll Bewunderung für sie. Einer ihrer Aufsätze hatte mir die Idee gegeben, ich könnte vielleicht etwas Neues über diese Tiere herausfinden. »Delfine der Unterart *Inia* sollten nach Möglichkeit in die Liste der schützenswerten Wandertiere aufgenommen werden«, hatte es dort geheißen. »Eine an Jahreszeit und Wasserstand ausgerichtete Migration der *Inia*-Delfine scheint fast sicher.« In dem Aufsatz fanden sich noch Angaben über Stellen, an denen die wandernden Delfine Landesgrenzen überquerten. Daraufhin fasste ich den Plan, den Delfinen bei ihrer Wanderung zu folgen.

Aufgrund dieses Plans wurde mir die Finanzierung der Expedition bewilligt. Als wir in Manaus ankamen und Vera im INPA besuchten, wollte ich dementsprechend natürlich vor allem Vorschläge von ihr hören, wie ich die Migration der Delfine verfolgen könnte.

»Die Botos wandern nicht«, sagte sie.

»*Was?* Aber das steht doch in Ihrem Aufsatz.«

»Ja«, sagte sie. »Wir glaubten es eine Zeit lang. Aber das war vor der Telemetrie. Jetzt wissen wir, dass sie nicht wandern.«

O weh.

Trotz meines gescheiterten Plans waren wir sicher, von Vera eine Menge über die Delfine erfahren zu können. Außerdem mochten wir sie gern. Wir fühlten uns sofort wohl in ihrem kleinen Büro, das mit Bildern von Seekühen, Walen, Delfinen und Robben förmlich austapeziert war. An einer Schublade klebte ein Zitat von Rebecca West, das Vera, die in einem Macho-Land wie Brasilien und noch dazu in einer Männerdomäne arbeitete, wohl sehr treffend fand:

> Ich kann nicht genau sagen, was Feminismus ist: Ich weiß nur, dass ich immer Feministin genannt werde, wenn ich Empfindungen ausdrücke, die über das Niveau eines Fußabstreifers hinausgehen.

Vera selbst ist im Lauf der zwanzig Jahre den Delfinen, die sie studierte, in gewisser Weise ähnlich geworden: Sie ist etwas rundlich, glatt und geschmeidig, und ihr Lachen perlt wie die Blasen, die ein Delfin unter einem Kanu aufsteigen lässt. »Wenn man mit dem Boot stundenlang an derselben Stelle bleibt, kommen sie und berühren das Boot von unten«, erzählt sie mit glänzenden Augen. »Man merkt es, wenn sie da sind, weil man den Atem aufsteigen sieht. Es ist ein hübsches Geräusch, wenn die Bläschen an der Wasseroberfläche platzen. Manchmal tauchen die Botos auch direkt am Boot auf und schauen einen an.«

Ich wollte ein paar technische Dinge von ihr wissen: Welche Tageszeit war in Marchantaria am günstigsten für die Beobachtung? Wie konnte sie die einzelnen Tiere auseinanderhalten? Wie folgte sie ihnen?

»In Marchantaria«, sagte sie, »war ich jeden Tag von sechs Uhr morgens bis sechs Uhr abends auf dem Posten und habe versucht, die Tiere zu identifizieren und wiederzuerkennen. Das ist außerordentlich wichtig. Sonst kann man ihr Verhalten nicht studieren.«

Und wie, wollte ich wissen, hatte sie es schließlich geschafft?

»Ich habe es lange versucht, aber nicht geschafft. Es war zu mühsam. Es klappt einfach nicht.«

O weh.

Die meisten Daten, die sie bisher gesammelt habe, erklärte sie in holprigem, mit portugiesischen Wörtern untermischtem Englisch, stammten aus einer 1.600 Kilometer entfernten Gegend, einem überfluteten Waldgebiet, das Mamirauá heißt. Dort hatte sie 56 Delfine markiert und später ein weiteres Dutzend mit Sendern ausgestattet, sodass man sie verfolgen konnte.

Obwohl sie in Marchantaria in dieser Hinsicht erfolglos gewesen war, würde Vera für uns dort als Begleiterin wertvoll sein. Während wir gemeinsam die Delfine beobachteten, würden wir von ihrem erstaunlichen Wissen profitieren; sie würde uns das Verhalten der Tiere erklären und uns sagen können, welche Versuche Erfolg versprachen und welche nicht. Das dachte ich zumindest. Doch als Dianne und ich uns gerade für die Oper umzogen, rief Vera im Hotel an und teilte uns mit, dass sie sich eine Bindehautentzündung zugezogen habe und nicht mitkommen könne.

Wie wir erfuhren, war das ganze INPA von jener Viruserkrankung an den Augen heimgesucht worden. Teils konnten die Leute nicht zur Arbeit kommen, weil sie nicht genug sahen, um Auto zu fahren, teils konnten sie ohnehin nicht arbeiten, weil sie vollauf mit Augenreiben beschäftigt waren.

Schon allein beim Gedanken fingen meine Augen an zu jucken.

Vera würde uns ihren Assistenten, Nildon Athaide, als Guide mitgeben. »Er weiß alles«, versicherte sie uns. Leider fiel mir zu spät ein, dass Nildon kein Englisch sprach, und jetzt war es zu spät, einen Dolmetscher zu suchen.

»Kein Problem«, sagte Vera. »Nur eines ist ganz wichtig: Sie müssen ein tiefgefrorenes Hähnchen mitnehmen. Nildon ist verrückt danach. Vergessen Sie ja das Hühnchen nicht!«

So kam es also, dass ich in einem Laden eine längere, an Missverständnissen reiche Diskussion mit einer Verkäuferin hatte. Gefrorenes Hähnchen kam in meinem portugiesischen Sprachschatz nicht vor und im Rückblick scheint es mir ziemlich wahrscheinlich, dass *frango gelado*, was ich von ihr forderte, *Hühnereis* heißt. Schließlich kam Nildon, dem das Schwitzen im wartenden Wagen zu dumm geworden war, selbst herein und sorgte dafür, dass die Expedition nicht an einem fehlenden Hähnchen scheiterte. Ich persönlich kann mir zwar nicht vorstellen, was man daran findet – ich bin Vegetarierin –, aber Nildon war schließlich stets und ständig von Fischen umgeben und würde in nächster Zeit auch nur von dem leben, was er aus dem Fluss holte. Da konnte eine Abwechslung wirklich nicht schaden.

Als wir also das wichtige Hühnchen besorgt hatten, konnte es endlich losgehen. Wir fuhren zum nahen Porto da Ceasa, wo bereits das fünf Meter lange Leichtmetallboot auf uns wartete, das uns zum Zusammenfluss und zu den Delfinen bringen sollte.

Der Amazonas war geradezu eine Kloake. Als wir ablegten, wurden wir beim Anblick des schmutzigen Wassers ganz verzagt. An Spraydosen, Ölbüchsen, Colaflaschen war kein Mangel. Plastiktüten glitten dahin wie Quallen. Wir blickten zurück nach Manaus und sahen die großen Reklameschriften auf den hohen Gebäuden des Industriegebiets: Samsung, Sony, Honda, Shell. Aus Fabrikschornsteinen drang schwarzer Qualm. Schnellboote rasten an uns vorbei.

In fünf Minuten waren wir beim Zusammenfluss. Von der Höhe eines Ausflugsdampfers herab blickten Touristen auf das Nebeneinander von Kaffee und Milch. Genau in dem Moment, in dem wir ankamen, wurden zwei dreieckige Rückenfinnen sichtbar. Sie schnitten an der Grenze von Hell und Dunkel durch das Wasser.

»Tucuxis!«, schrie Nildon über den Lärm unseres 15-PS-Motors hinweg. Das sind kleine graue Delfine, deren brasilianische Bezeichnung aus der Tupi-Sprache stammt. Der wissenschaftliche Name ist *Sotalia fluviatilis*. Anders als die Botos, mit denen sie sich diese Gewässer teilen, entsprechen die Tucuxis in Aussehen und Verhalten dem, was man von Delfinen erwartet. Sie haben einen kompakten Körper, ausgeprägte Schnauzen und dreieckige Rückenfinnen; sie springen aus dem Wasser hoch, drehen sich Sprühregen verspritzend in der Luft und tauchen platschend wieder ein. Auch unsere Tucuxis amüsierten sich auf diese Weise. Erst sprang der eine und zeigte dabei seine glatte rötliche Unterseite, dann der andere, und schließlich sprangen beide gemeinsam, so nahe nebeneinander, dass sie sich fast berührten. Dianne ergriff meine Hand. »Gestern die Oper«, schrie sie, »und heute das Ballett.«

Die Tucuxis sind allgemein beliebt, hatte Vera uns erzählt. Den großen Botos trauen die Menschen am Fluss nicht, weil sie manchmal sehr plötzlich an die Boote herankommen. So kühn sind die Tucuxis nicht. Sie führen ihre Freudensprünge immer in einiger Entfernung aus, und sie sind hübsch und klein, höchstens eineinhalb Meter lang. Sie sehen aus wie Miniaturausgaben von Meeresdelfinen, sind ebenso stromlinienförmig und wirken mit ihrem Lächeln genauso freundlich.

Sie gehören, wie die Meeresdelfine, zur Familie der *Delphinidae* und haben früher einmal mit großer Wahrscheinlichkeit ausschließlich im Meer gelebt. Noch heute findet man sie in Süß- und Salzwasser, von Brasilien bis Honduras. Man schätzt, dass sie vor etwa fünf Millionen Jahren aus dem Atlantik in den Amazonas vorgedrungen sind.

Die Botos dagegen, die eigentlichen Amazonasdelfine *(Inia geoffrensis)*, bilden wahrscheinlich zusammen mit den La-Plata-Delfinen eine eigene Familie, die *Iniidae*. Sie werden bis zu zweieinhalb Meter lang und können zweihundert Kilo wiegen.

Sie unterscheiden sich äußerlich von anderen Delfinen: Sie haben keine ausgeprägte Rückenfinne, lediglich einen niedrigen Kamm. Die Flossen sind sehr groß, fast wie Flügel. Aber am deutlichsten ist der Unterschied im Gesicht zu sehen: Die stark gewölbte Stirn wirkt zu groß für das Gesicht; die Augen sind sehr klein. Das Gesicht läuft in einen röhrenförmigen Schnabel aus, der oft zur Seite gebogen ist. Zwei Forscher, die in Florida gefangene Botos studiert hatten, beschrieben sie einmal als »schweinsäugige, bucklige, langnasige, runzlige Überbleibsel aus vergangenen Zeiten«.

Sie stammen wahrscheinlich aus dem Pazifik und sind vor 15 Millionen Jahren in den Amazonas eingedrungen, als er noch nach Westen floss, bevor das Gebirge der Anden entstand. Damals bewegte sich die südamerikanische Platte nach Westen, der Nazca-Platte entgegen. Beim Zusammenprall der beiden tektonischen Platten türmten sich die Anden auf und schnitten dem Amazonas den Weg zum Pazifik ab. Bis er sich einen neuen Weg schuf, ostwärts in den Atlantik, war der Amazonas fünf Millionen Jahre lang kein Fluss, sondern ein riesiger See, der größte, den es je auf der Welt gegeben hat. Und in diesem See entwickelte sich eine erstaunliche Artenvielfalt. Im Mississippi gibt es beispielsweise nur

250 Fischarten, im Kongo knappe tausend, im Amazonas aber über 2.500, und viele dieser Arten existieren nirgends sonst auf der Welt. Die Regenzeit lässt diesen riesigen See jedes Jahr aufs Neue entstehen.

Nach einer halben Stunde Fahrt hatten wir alle Spuren von Manaus und seinem Dreck hinter uns gelassen und bogen ab zu einem Ort namens Catalão, wo wir ein paar Tage bleiben wollten. Von einer Ortschaft war allerdings nichts zu sehen; weit und breit gab es nur Wasser und Bäume, die bis zur halben Höhe darin standen.

Seit Anfang Dezember hatte es fast täglich geregnet, und alle Flüsse im Amazonasgebiet waren pro Monat um zwei bis drei Meter angestiegen. Erst im Mai würde es mit dem Regen ein Ende haben. Jetzt, im April, war das Wasser auf beiden Seiten des Stroms bis zu fünfzig Kilometer ins Land vorgedrungen und hatte Wald und Dörfer überflutet. Unter unserer schwimmenden Behausung würden sich heute Nacht Delfine tummeln.

Es gab weit und breit nur noch ein einziges anderes Haus, das einer Waldarbeiterfamilie gehörte, wie Nildon erklärte. Es lag, wie unseres, auf hölzernen Pontons und war an einen Baum gebunden. Es besaß sogar eine Fernsehantenne, aber natürlich keine Stromzuleitung. Den Strom lieferte wohl ein Generator. Rund ums Haus wuchsen Pflanzen in Töpfen, und Hühner pickten auf dem Holzdeck nach Insekten.

Als das Boot anlegte und der Fahrtwind aufhörte, traf uns die Mittagshitze wie ein Keulenschlag. An der Küchendecke baute eine fünf Zentimeter große Wespe an ihrem Nest. Winzige Ameisen liefen in Massen über den Küchentisch. Die

Tischbeine standen zwar in abgeschnittenen, mit Wasser gefüllten Pepsi-Cola-Flaschen, aber das hatte die Ameisen nicht abhalten können. Große grüne Libellen standen über den purpurnen Blüten der Wasserhyazinthen. Aber außer den Insekten regte sich nichts in der lähmenden Hitze.

Nildon verstaute sein kostbares Hähnchen im gasbetriebenen Kühlschrank, und wir legten uns in unsere Hängematten. Das Wasser um uns herum lag ohne Bewegung, zeitlos, dunkel, warm und glitzernd, voller Geheimnisse und Verheißungen.

Gegen drei Uhr nachmittags war die Hitze erträglicher geworden; Wolken türmten sich auf und es sah wieder mal nach Regen aus. Nildon ließ den Bootsmotor an und wir machten uns auf die Suche nach Botos.

Schon bald tauchten in unserer Nähe Tucuxis auf. Ich hatte gelesen, dass Tucuxis, im Gegensatz zu den Botos, gesellig sind. Nildon stellte den Motor ab und wir beobachteten ihr Wasserballett. Vielleicht waren sie auf der Jagd und ihre Sprünge dienten taktischen Zwecken, aber für uns wirkte die Szene wie eine Äußerung purer Lebensfreude.

Doch wo waren die rosa Delfine?

»*Inia gosta lago*«, sagte Nildon. Die Botos halten sich lieber in Seen auf. Deswegen hatte Vera, die ihre Beobachtungen am Zusammenfluss begonnen hatte, sich später dem Überschwemmungsgebiet von Marchantaria zugewandt. Weil sie gern im flachen Wasser der überfluteten Wälder leben, haben die Botos auf dem Rücken nur diesen schwach ausgeprägten Kamm statt einer steilen Finne. »Sie würden sonst dauernd an Ästen hängen bleiben«, hatte Vera erklärt.

Wegen dieser Vorliebe für Wälder sind Botos viel schwerer zu finden; sie springen auch selten. Wenn sie sich hier genauso verhielten wie in Sundarbans, dann musste man auf plötzliche, eher unauffällige Bewegungen im Wasser achten.

Und tatsächlich tauchte bald ein rosa Rücken auf. Im ersten Moment traute ich meinen Augen nicht. Diese unwahrscheinliche Farbe! Ungefähr eine Sekunde lang dauerte die Erscheinung, aber ich brauchte viel länger, um mich wieder zu fassen.

Dianne war genauso hingerissen wie ich, Nildon lächelte breit.

Wir behielten die Stelle im Auge und hofften, der Boto möchte sich noch einmal zeigen. Statt seiner gesellten sich jedoch zwei Tucuxis zu uns und trieben ihr Spiel. Vielleicht hatten sie sich vom Boto zeigen lassen, wo es Beute gab, vielleicht hatten sie ihn auch nur verjagt. Ich hätte so gerne mehr von ihm gesehen: den Schwanz, die Flossen, den Kopf.

Wir zählten mit: An diesem Nachmittag bekamen wir 54-mal Tucuxis zu Gesicht. Es seien etwa zehn verschiedene Exemplare gewesen, sagte Nildon. Der Boto aber blieb verschwunden.

Um halb fünf schreckte uns fernes Donnergrollen auf. Die Wolken waren schwarz geworden. Schwalben flitzten durch die Luft. Am Himmel rührte sich nichts. Wir beobachteten die Spiegelung der Gewitterstimmung im Wasser, und plötzlich erschien wieder, vielleicht dreißig Meter entfernt, ein rosa Rücken mit flachem Kamm im Wasser. Wir glaubten, den Buckel auf der Stirn zu sehen, und hörten das Atmen, bevor er wieder abtauchte. Auch hinter uns atmete es langsam.

Also drehten wir uns um und sahen direkt neben dem Boot einen feinen Sprühnebel. »Manchmal sieht man nur den Atem, aber nicht den Boto«, hatte Vera gesagt. Jetzt wussten wir, was sie damit gemeint hatte. Und da war es schon wieder, dieses keuchende Atemgeräusch – diesmal aus einer anderen Richtung. Es gab hier also mindestens zwei Botos. Und sie waren zu uns gekommen.

Doch nicht nur die Delfine, auch das Unwetter kam näher. Das Wasser sah aus wie flüssiges Silber, die Welt war eigenartig farblos geworden. Grell zuckten die Blitze am Himmel. Sie waren von einem intensiven, faszinierenden Rosa. Erst später wurde mir zu meiner eigenen Überraschung bewusst, dass wir mitten im Gewitter in einem Metallboot auf dem Wasser gesessen und überhaupt keine Angst gehabt hatten. Wir hätten uns wohl kein deutlicheres, kein günstigeres Omen vorstellen können: Der Himmel blitzte rosa und signalisierte, dass er unsere Pläne billigte und unterstützte, während unsichtbare Delfine uns mit ihrem Nebelatem umgaben.

Die Verführungskünste der Botos

Wie Vera vorausgesagt hatte, waren die Morgen- und Abendstunden die Zeit, in der man die Botos am ehesten sehen konnte. Es kam uns vor, als reagierten sie auf die Färbung des Himmels. Es schien, als würden sie aus dem Wasser auftauchen, um den Widerschein der Morgenröte oder des Sonnenuntergangs auf den Wolken zu begrüßen.

Wir lagen immer auf der Lauer. Meist hörte man ein Schnaufen oder Spritzen, und wenn man sich schnell umdrehte, sah man ein Stück eines rosafarbigen Rückens das Wasser pflügen. Doch schon nach einer Sekunde konnte es wieder verschwunden sein. Dann starrten wir gebannt auf das Kielwasser und versäumten darüber beinahe die nächste Erscheinung, die vielleicht dreißig Meter entfernt stattfand, oder direkt neben dem Boot – aber immer in der entgegengesetzten Richtung, wie uns schien. Das Einzige, was wir sicher wussten, war der Unterschied zwischen Boto und Tucuxi: Wenn man erkennen konnte, was es war, dann war es kein Boto.

Einen Boto zu sehen, ist etwas ganz anderes, als im Aquarium Meeresdelfine zu beobachten. Die springen nicht nur willig durch die Luft, um den Zuschauern eine Freude zu machen, sondern stehen auch manchmal senkrecht im Becken wie ein Wasser tretender Mensch, sodass der Kopf und die obere Körperhälfte gut sichtbar sind. Die flüchtigen Blicke, die wir von den Botos erhaschen konnten, hatten auch nichts mit den Filmen und Fotografien zu tun, die wir vorher gesehen hatten, denn diese zeigten die Tiere als Ganzes oder zumindest einen großen Teil des Körpers. Oft waren sie zum Fotografieren mit Netzen aus dem Wasser geholt worden; auf einem Bild, das wir in Veras Büro gefunden hatten, lag der Boto sogar auf einer Matratze (die den Matratzen in unserem schwimmenden Haus auffallend ähnlich sah). Zum Filmen hatte man die Botos immer in klare, seichte Gewässer gebracht. Wir aber sahen von ihnen nur Fragmente.

Einmal winkte uns ein rosa Schwanz zu, ein anderes Mal hob ein Boto den Kopf aus dem Wasser, um sich umzusehen. Aber normalerweise bekamen wir nur den Oberkopf oder die Kurve des Rückenkamms zu Gesicht – nur eine Ahnung von Gestalt und Farbe, kein vollständiges Tier.

Wir schauten mit höchster Aufmerksamkeit nach Zeichen aus, anhand deren wir die einzelnen Exemplare hätten identifizieren können. Das ist ein wichtiger erster Schritt, wenn man Tiere studiert. Dian Fossey, die sich mit Berggorillas beschäftigte, fand heraus, dass alle Gorillas verschiedene Nasen hatten. Cynthia Moss entdeckte bei ihren südafrikanischen Elefanten unterschiedliche Einkerbungen in den Ohren. Tiger haben ganz individuelle Streifenmuster und, wie indische Forscher glauben, unverwechselbare Fußspuren. Vera hatte nach Narben oder Einkerbungen in den Rückenfinnen ihrer Delfine Ausschau gehalten. Zur Paarungszeit fechten die Männchen heftige Kämpfe aus; es wäre also kein Wunder, wenn sie Narben davontrügen, hatte Vera erklärt. Entsprechend begeistert waren wir am zweiten Abend, als wir bei einem Boto eine auffallend flache Rückenfinne entdeckten und bei einem anderen eine v-förmige

Kerbe. Es kommt nicht jedes Mal vor, dass die Botos ihren Rücken zeigen, wenn sie Luft holen. Vor allem zeigten sie sich nie im selben Winkel. Wir sahen die beiden nie wieder – und falls doch, haben wir sie nicht erkannt.

Auch die Größe eines Botos war kaum festzustellen, weil sie nicht aus dem Wasser schnellen, sondern langsam nach oben kommen und gleich wieder verschwinden. Einmal stellten wir fest, dass wir ein Jungtier vor uns hatten, der Kopf war kleiner als üblich. Wir schätzten es auf ein Jahr, weil Botos normalerweise von Mai bis Juli geboren werden, wenn das Wasser am höchsten steht oder bereits zu fallen beginnt.

Das Einzige, was wir jedes Mal deutlich sahen, war die Farbe; die Skala reichte von Dunkelgrau bis Flamingorot, und die meisten Tiere schienen gefleckt. Aber da können wir uns auch getäuscht haben, weil wir oft direkt in die Sonne schauen mussten und die Beleuchtung zu oft wechselte. Tatsache ist, dass die Delfine die Farbe wechseln, aber niemand weiß, weshalb. Vielleicht spielt körperliche Anstrengung eine Rolle, vielleicht auch das Alter oder die Temperatur und Beschaffenheit des Wassers. »Unser Problem ist«, sagte Dianne, »dass wir es nicht mit Delfinen, sondern mit Chamäleons zu tun haben.«

Kein Wunder, dass man so wenig über sie weiß. Nach sieben Jahren, in denen Vera und ihr Mann Tausende Kilometer im Boot zurückgelegt und mit Kollegen in Kolumbien, Peru, Bolivien und Ecuador Daten ausgetauscht haben, veröffentlichten sie gemeinsam die Ergebnisse ihrer Arbeit. Es war die erste größere Studie über die Botos; sie zeigt, dass ihr Verbreitungsgebiet ungeheuer groß ist. Ihre Art findet sich in den meisten größeren Zuflüssen sowohl des Amazonas als auch des Orinoko. Und sobald die Regenzeit das Land überflutet hat, schwärmen sie aus und bevölkern auch die Wälder.

Das Forscherehepaar beschäftigte sich auch mit toten Botos. Sie maßen und sezierten die Kadaver, maßen die Organe und zählten die Parasiten. Vera war besonders an ihrem Mageninhalt interessiert. Botos können praktisch alles fressen; mit ihren großen, kegelförmigen Zähnen und den starken Kiefern knacken sie selbst die Panzer von Schildkröten. Vera hatte steinharte Panzerwelse mit Stacheln in Boto-Mägen gefunden.

So wichtig diese Entdeckungen auch waren, so blieb dennoch eine Menge Fragen offen. »Über die Physiologie von *Inia* ist praktisch nichts bekannt«, schreibt Vera, »die Größe des Gesamtbestandes ist unbekannt ... wohin sie sich in der trockenen Jahreszeit wenden, weiß niemand ... in den Ländern, in denen sie leben, hat man noch kaum über sie geforscht ... es gibt zu wenig Datenmaterial, um Trends in den Populationen auszumachen ...« Es bleibt ein Rätsel, wann die Paarungszeit ist, sofern es überhaupt eine gibt. Niemand weiß etwas über die sozialen Strukturen in den Gruppen, falls überhaupt vorhanden.

Eines Nachmittags, als Nildon unser Boot in der Krone eines Careru-Baums festgemacht hatte, kamen drei Botos heran. Zwei davon schwammen nahe nebeneinander, ein dritter war vermutlich aus einer anderen Richtung gekommen. Botos lassen sich meist nur einzeln blicken; bei Paaren handelt es sich häufig um eine Mutter und ihr Junges. Die Bindung zwischen ihnen ist sehr eng; Vera fand heraus, dass sie mindestens zweieinhalb Jahre beisammen bleiben. Wir hatten auf Fotos gesehen, wie sie zusammen schwimmen: oft übereinander, wobei sich die langen Schnauzen berühren und eine Flosse über den Körper des anderen streicht.

Viermal kamen die zwei Botos im Umkreis von 15 Metern um unser Boot an die Oberfläche und mir schien, dass sie dabei Körperkontakt hatten. Es handelt sich um sehr sinnliche Tiere. Ein Beobachter im Duisburger Zoo, in dem es seit 1975 zwei Botos gibt, berichtete, dass die Delfine manchmal einen ganzen Vorhang von Wasserblasen erzeugen, durch den sie dann schwimmen. Einmal zog der Delfinvater eine Scheuerbürste samt Stiel schnell im Maul nach unten, wobei vom Stiel ein breiter Vorhang von prickelnden und glitzernden Blasen aufstieg. Das Delfinbaby rollte und wälzte sich in den Blasen »offensichtlich mit dem größten Vergnügen«, wie der Zoologe Wolfgang Gewalt schreibt. »Die Luftblasen scheinen als eine Art sanfter Massage zu wirken, ähnlich wie ein Whirlpool.«

In Gefangenschaft sind die Botos beim Liebesspiel sehr erfinderisch. Beim Vorspiel knabbert das Männchen sacht an Schwanz und Flossen des Weibchens; beim Geschlechtsverkehr kennen sie mindestens drei Stellungen: Kopf an Kopf; Kopf an Schwanz; im rechten Winkel über Kreuz. Einmal wurde gezählt, dass ein Paar sich in dreieinhalb Stunden 47-mal so vergnügte. Beide Geschlechter masturbieren, das Männchen, indem es seinen Penis an Gegenständen reibt, das Weibchen, indem es Gegenstände in die Vagina einführt oder sich dagegen presst. Die Männchen benützen den empfindsamen Penis manchmal als Werkzeug zur Erkundung und führen ihn sogar ins Nasenloch anderer Delfine ein. Ihr Einfallsreichtum, wenn es um sexuelles

Vergnügen geht, schreibt Gewalt, sei »größer als alles, was man bisher von anderen Walen kennt, sei es in Freiheit oder im Zoo«.

Und dann sahen wir, wie sich der junge Delfin langsam im Wasser rollte. Er drehte sich gemächlich auf den Rücken und zeigte seinen runden rosa Bauch und die ausgebreiteten, paddelartigen Flossen. Einen Augenblick lag er so da, wie um die Sonnenwärme auf der Haut zu genießen und dann die angenehme Kühle zu spüren, mit der das Wasser ihn wieder aufnahm.

Wie gerne wäre ich bei ihnen im Wasser gewesen! Auch Vera hatte von diesem Verlangen gesprochen. »Aber die Piranhas sind überall, das darf man nie vergessen, auch wenn das Wasser noch so verlockend ausschaut.« Freunde von ihr sind beim Schwimmen schwer verletzt worden. Sie hat auch Botos mit bogenförmigen Narben in der Haut gesehen. »Wenn wir Botos fangen, um sie zu markieren, dann kreisen wir sie mit einem Netz ein«, erzählte sie. »Einmal haben wir so ein Netz eingeholt – ein prächtiges, brandneues Netz – und es war bloß noch ein Lumpen! Die Piranhas hatten es mit ihren rasiermesserscharfen Zähnen zerfetzt.«

Im Wasser müsse man mit allem rechnen, hatte sie uns gewarnt. »Wenn man eine Berührung fühlt, weiß man nicht, ob es ein Stück Holz ist oder ein Blatt, ein Piranha, eine Schlange, ein Zitterrochen oder vielleicht sogar ein Hai. Wir haben im Solimões vier Haie gefangen, zweieinhalb Meter lang. Haie aus dem Meer! Sie schwimmen den Amazonas hinauf bis nach Iquitos in Peru. Also spiele ich lieber nicht mit den Delfinen.«

Das Wasser war uns so nah und blieb uns doch verschlossen. Seine Oberfläche gab dem Blick nichts preis von den Geheimnissen der Unterwasserwelt. Ich konnte gut verstehen, wie sich die Legende von der verzauberten Stadt Encante gebildet hatte, in der sich der Schauder vor den unsichtbaren Gefahren mit der Sehnsucht mischte, in dieses für die Augen undurchdringliche Element einzudringen. Die Delfine sind die Herrscher in diesem Zauberreich, in dem es keinen Schmerz und keine Not gibt, sondern nur Freude, Musik und Tanz.

Manchmal hörten wir seltsame Töne unter uns. Der Boden unseres Bootes wirkte wie ein Stethoskop, das Geräusche aus der Tiefe übermittelte. Früh am Morgen vernahmen wir einmal ein hohes Winseln. Was konnte das sein?

»Pescada«, sagte Nildon. Fisch.

Dann schoss ein Delfin neben uns aus dem Wasser. *»Muito rápido!«*, rief Nildon. *»O boto fazer compras.«* Der Boto kauft ein.

Eine Stunde lang konnten wir die Delfine an diesem Morgen beobachten, dann verschwanden sie ganz plötzlich. Eisvögel flogen pfeilschnell durch die Luft. In einem Baumwipfel schrie ein giftgrüner Papagei. Früchte platschten ins braune Wasser. Aber die Delfine kamen nicht wieder.

Die Hitze wurde drückend und wir beschlossen, zehn Kilometer den Solimões hinauf ins Überschwemmungsgebiet von Marchantaria zu fahren. In diesen riesigen See, so hatte Vera uns erklärt, kommen um diese Jahreszeit viele Fische, um die Früchte zu fressen, die von den Bäumen des überfluteten Waldes fallen.

Unsere Tage und Nächte auf dem Fluss waren interpunktiert vom Aufklatschen dieser Früchte auf dem Wasser. In der Regenzeit ist genug da für alle: für Affen und Papageien, Fledermäuse und Bambusratten, für die schönen Hirsche und den eigenartigen Ameisenbär, der wie eine Kreuzung aus Elefant, Rhinozeros und Schwein aussieht. Aber die Früchte sind hier nicht nur für Vögel und Säugetiere bestimmt, damit sie sie fressen und die Samen verteilen. Hier produzieren die Bäume auch Nahrung für die Fische und die wiederum sorgen dafür, dass die Samen fortgetragen werden.

Nirgendwo sonst auf der Erde spielen Früchte und Samen eine wesentliche Rolle bei der Ernährung der Fische. Im Amazonasgebiet wandern jedoch jedes Jahr mehr als zweihundert Arten von Fischen in den überfluteten Wald, um sich dort vollzufressen und zu laichen. Davon profitieren beide Seiten.

Die Bäume haben Methoden entwickelt, ihre Früchte für die Fische attraktiv zu machen. Viele, zum Beispiel der Lorbeer und der Zimtbaum, produzieren duftende Milchsäfte, Öle, Harze und Säuren. Vom Geruch angezogen, warten die Fische unter solchen Bäumen. Die Tambaquis haben Mahlzähne wie Pferde und ungeheuer starke Kiefer, um die Samen des Seringueira-Baums knacken zu können. Andere, wie die schwarzen Panzerwelse, verschlingen steinharte Samen im Ganzen und verdauen das essbare Äußere. Die Kerne werden irgendwo ausgeschieden, wo sie nach dem Rückgang der Flut keimen können, ohne die Konkurrenz des väterlichen Baumes fürchten oder gegen seinen Schatten ankämpfen zu müssen.

»Man ist versucht anzunehmen, dass Fische und Bäume sich in einer Wechselbeziehung entwickelt haben«, schreibt

Michael Goulding, einer der führenden Kenner der Fischwelt im Amazonas. Die enge Beziehung zwischen Fischen und Bäumen ist den Menschen, die seit jeher an den Ufern der Flüsse leben, nicht verborgen geblieben. Ein verbreiteter Mythos der Amazonasbewohner erzählt von einem Weltenbaum, der voller Wasser ist und den Amazonas und seine Fische hervorgebracht hat.

Einer Shipibo-Sage zufolge entstand die Welt so: Als die Sonne das erste Mal aufging, traf sie die Äste des Weltenbaums. Seine üppigen Früchte fielen ins Wasser wie Regen. Fische tauchten auf, um sie zu fressen. Als sie die Früchte anbissen, kamen alle Vögel der Welt heraus und verbanden das Wasser mit dem Himmel.

Thales von Milet, den Aristoteles als den Begründer der Naturwissenschaften bezeichnete, war der Meinung, alle Materie bestünde letztlich aus Wasser. Das glaubt man hier gerne. Trotz Veras Warnung streckte ich die Hand ins Wasser: Es fühlte sich dick und lebendig an, als wäre es nicht nur ein Lebensraum, sondern das Leben selbst.

Reisende waren stets überwältigt von den Dimensionen des Amazonas, seiner Länge, seinen Wassermassen, der unendlichen Ausdehnung seines Urwalds. Was mich faszinierte, war die Ganzheit seines Universums, das sich ständig erneuerte, und die Unergründlichkeit seiner keinem Auge zugänglichen Tiefe, und vor allem waren es die Botos mit ihrer mythischen Fremdartigkeit, die Herren dieser unbekannten Unterwelt.

Nach einer Dreiviertelstunde erreichten wir eine überflutete Wiese, auf der eine weitere INPA-Forschungsstation verankert war. Wir unterhielten uns kurz mit ein paar deutschen Forschern, die dort gastweise arbeiteten. Sie hatten am selben Morgen zwei Botos gesehen und rechneten damit, dass bald noch mehr kommen würden, weil die Regenfälle anhielten und der Wasserstand innerhalb einer Woche noch einmal um einen Meter steigen würde.

Wir fuhren langsam weiter, die Hitze stieg, Schweiß lief uns in die angestrengt spähenden Augen. Wie jede Nacht hatten uns auch diesmal Ungewitter und Regengüsse mehrmals aus dem Schlaf gerissen. Mitten in der Nacht hatten wir die Fensterläden festmachen müssen und dabei festgestellt, dass Ameisen auf uns herumkrabbelten. Dianne verfluchte sie in mehreren Sprachen. Jetzt waren wir unausgeschlafen, verschwitzt, erschöpft und genervt. Und kein Boto weit und breit.

Nildon steuerte das Boot zu einer Insel, auf der fünf Fachleute für elektrische Fische vom INPA bei der Arbeit waren. Zwei von ihnen sprachen glücklicherweise Englisch – José Gomes, ein stämmiger junger Mann mit einem Panamahut, und der drahtige Paulo Petry. Sie beugten sich über ein großes Netz, aus dem sie, von blitzenden Libellen umschwirrt, große Mengen Wasserhyazinthen holten. Von Zeit zu Zeit stach José mit einem langen Bambusstab, an dem ein Spannungsmesser befestigt war, in die Pflanzen. Es knisterte, wenn er die Elektrizität von Fischen registrierte.

»Jede Art hat ihr eigenes Signal«, erklärte José. Elektrische Organe senden die Signale aus und elektrische Rezeptoren empfangen sie. Der einzelne Fisch kann die Form seines elektrischen Feldes ändern, ebenso Wellenform und Frequenz der Entladung sowie den zeitlichen Abstand zwischen den Signalen. Auf diese Weise kann er verschiedene Informationen übermitteln.

Versuche in Gefangenschaft zeigen, dass ein Fisch den anderen über seine Art, sein Geschlecht und sein Alter informieren kann. Sie versuchen mit solchen Signalen auch ihr Territorium zu verteidigen. Die Ausstrahlung reicht bis zu zehn Meter weit. »Es klingt unglaublich«, sagte José, »aber sie benützen diese Signale nicht nur im normalen Umgang mit anderen, sondern auch, um Dinge zu entdecken, im Kampf um die Vorherrschaft, um einen Partner zu finden – da gibt es für uns noch eine Menge zu lernen.«

Die Elektrizität dieser Fische kann Menschen nicht gefährlich werden. Anders als bei den Zitteraalen (die eigentlich gar keine Aale sind, sondern Fische) liegt ihre Stromspannung weit unter einem Volt. Aber plötzlich rief Paulo: *»Cuidado – cuidado!«* Vorsicht! In den nassen Pflanzenhaufen verbarg sich ein vielleicht 15 Zentimeter langer Wels mit drei giftbewehrten Stacheln. Wenn so ein Wels sich bedroht fühlt, richtet er die Stacheln auf und wird zu einem giftigen Dreizack.

Den elektrischen Fisch, hinter dem das INPA-Team her war, hatten sie zwar bisher nicht gefunden, und das Voltmeter zeigte an, dass auch diesmal keiner im Netz war. Aber dafür hatten sie zu ihrer größten Überraschung einen Aal entdeckt, den die Wissenschaft bisher nicht gekannt hatte – ein dreißig Zentimeter langes Tier, das offenbar zur Familie der *Symbranchidae* gehörte. Das stark ausgeprägte Gebiss macht seinen Kopf dreieckig wie den einer Natter.

Für derlei Überraschungen ist das Amazonasgebiet immer gut. Eine vergleichbare Vielfalt gibt es auf der Welt kein zweites Mal. Allein Michael Goulding,

der mir Tipps für die Beobachtung der Botos gab, hat in den zwei Jahrzehnten, die er dort arbeitete, zweihundert bis dahin unbekannte Fischarten entdeckt. Ein Bekannter von Dianne, der niederländische Primatologe Marc van Roosmalen, war vor einem Jahr ausgezogen, um eine neue Art von Krallenaffen aufzuspüren, von der er gehört hatte. Bei dieser Unternehmung fand er nebenbei vier andere neue Primaten, eine neue Art Zwergstachelschwein, einen bis dahin unbeschriebenen Tapir und eine unbekannte Unterart des Jaguars. Und das alles nicht einmal dreihundert Kilometer von Manaus entfernt!

Ich beneidete die Botos um ihr Sonarsystem. Hätten wir über etwas Ähnliches verfügt, wäre es ein Leichtes gewesen, sie aufzuspüren. Die Augen der Botos sind genauso groß wie die der Meeresdelfine. Sie funktionieren an der Luft genauso gut wie in klarem Wasser. Im undurchsichtigen Wasser des Solimões steuern die Botos allerdings nach ihrem Sonar: Sie stoßen Töne aus und orientieren sich an dem Echo. Wenn sie durch den überfluteten Wald schwimmen, finden sie den Weg zwischen den Ästen mithilfe einer schnellen Folge klickender Geräusche mit Frequenzen bis zu 170.000 Hertz, die weit außerhalb des menschlichen Hörbereichs liegen. Nur bei so hohen Frequenzen ist das Echo genau genug.

Die Menschen lassen sich, will man den Legenden glauben, seit Jahrtausenden von Delfinen führen. Der Meeresgott Poseidon bat einen Delfin, seine verlorene Braut Amphitrite zu suchen. An dieses Geschehnis erinnert das Sternbild Delfin. In der griechischen und römischen Mythologie galt der Delfin als Sinnbild der Menschenfreundlichkeit in einer sonst feindlichen Tiefe und wurde so zum hilfreichen Führer ins Reich der Toten.

Auch ich wollte mich den Delfinen anvertrauen. Was war es, was mich an ihnen so unwiderstehlich anzog? Natürlich wollte ich ihre Wanderung erforschen. Aber im tiefsten Innern wollte ich mehr als das: Sie sollten mich nach Encante führen, zum Paradies unter dem Wasser. Ich wollte unter ihrer Führung tief eindringen in den wässrigen Schoß der Welt, ich wollte die Seele des Amazonas finden.

Die Wissenschaft nähert sich allen Geheimnissen mit ihren speziellen Werkzeugen und Methoden. Sie misst elektrische Ströme, sie untersucht Mageninhalte, sie zählt Botos.

Aber weder am Zusammenfluss von Solimões und Rio Negro noch in Marchantaria konnte man die Botos auch nur einigermaßen genau zählen, Vera nicht und wir erst recht nicht. Also maß ich am letzten Tag, bevor wir nach Manaus zurückkehrten, das einzig Mess- und Zählbare: ihre Atemzüge. Zwei Botos tauchten ganz nah am Boot auf und ich registrierte ihre Atemzüge: 6.06, 6.09, 6.11, 6.13, 6.14, 6.15, 6.17 ... also ungefähr alle zwei Minuten. Dann verschwanden sie. Als wir abfahren wollten, glitten ihre Schatten unter unserem Boot durch, sodass wir sie, wenn auch undeutlich, einmal ganz sahen.

Meeresmenschen: Die Legende von Encante

»Im Amazonas gibt es zwei Sorten Botos«, sagt João Pena – einer von Veras Mitarbeitern – »Es gibt die normalen und die verzauberten. Nur in tiefer Nacht kann man sie unterscheiden. Viele Leute glauben nicht, dass es Encantados gibt. Wenn wir erzählen, was wir erlebt haben, halten sie alles für erfunden. Doch einige wenige Menschen wissen Bescheid. Sie wissen, dass es wahr ist.«

João war zwölf, als er zum ersten Mal einen Encantado sah. Es war an dem Abend, an dem die großen Schildkröten aus dem Fluss kommen, um im Mondschein ihre Eier in den weißen Sand zu legen.

Man muss warten, bis sie damit fertig sind, bevor man sie fängt, sonst gibt es im nächsten Jahr keine Schildkröten zu essen. Es war daher ziemlich spät, als die Jungen ihre Beute aufsammeln konnten. »Gerade als wir damit anfingen, sahen wir drei weiß gekleidete Männer im Sand sitzen. Warum blieben sie sitzen, wenn es Schildkröten zu fangen gab? Wer waren sie?« Als sie sich ihnen näherten, standen die weiß gekleideten Männer auf und sprangen in den Solimões. Die Jungen warteten darauf, dass sie wieder auftauchten, aber das geschah nicht. Stattdessen sahen sie an der Stelle, wo die Männer verschwunden waren, drei Botos springen. Die Botos schwammen nahe ans Ufer und stießen Sprühregen aus ihren Nasenlöchern, als wären sie zornig.

»Es gibt eine Menge Geschichten über die Botos, da werdet ihr mit dem Schreiben nicht fertig«, sagt João Pena. In dem schwimmenden Haus von Marchantaria lebte ein Mann mit seiner Tochter. In die verliebte sich ein Boto. Er hatte einen auffallenden weißen Fleck am Schwanz und hielt sich immer in der Nähe des Hauses auf. Nachts kam er aus dem Wasser in ihr Zimmer und drang in ihre Träume ein. Er erschien in der Gestalt eines Mannes in Shorts – und mit einem weißen Fleck am Bein. Er berührte das Mädchen nie, aber sie hatte große Angst. Sie fühlte seine Gegenwart, sein Verlangen. Sie wurde immer blasser und schwächer. Eines Nachts erschien der Boto ihrer Mutter im Traum und bat sie, ihm die Tochter zu geben. Sie lehnte ab, aber der Boto kam wieder, jede Nacht.

Die Familie musste schließlich wegziehen. Das Mädchen ist jetzt 25. Der Boto belästigt sie nicht mehr. Aber wenn sie an diesen Fluss geht, kommen immer noch Botos nahe ans Ufer, getrieben vom Verlangen nach ihr.

João weiß, dass das Mädchen und ihr Vater die Wahrheit sagen, denn ihm ist etwas Ähnliches passiert. Als er 17 war, fuhr er mit seinem Onkel und einer größeren Gruppe auf den Fluss hinaus, um mit Harpunen Pirarucu zu fangen. Als sie ihren Fang ausnahmen, schwamm ein Boto heran und sah ihnen zu. Der Onkel machte Späße: »Hübsches Delfinmädchen, suchst du einen schönen jungen Mann? Da, schau dir João Pena an! Gefällt er dir?«

In dieser Nacht schliefen sie in ihren Kanus, die in der Mitte des Flusses verankert waren. »Es war eine sternhelle Nacht«, erinnert sich João. Er merkte, dass sein Kanu auf einmal schwerer wurde und tiefer eintauchte. Er öffnete die Augen und sah eine junge Frau in seinem Kanu sitzen. »Sie war nicht weiß angezogen, wie die Männer, sondern nackt und hatte große Brüste. Ich rückte näher zu ihr. Sie war so schön mit ihrem langen blonden Haar und ihrer hellen Haut. Ich war wie verzaubert. Doch dann glitt sie ins Wasser zurück und verwandelte sich in einen Boto.«

Als das Wasser beim Eintauchen spritzte, wachten die anderen Männer auf und sahen, dass die Kanus von rosa Delfinen umgeben waren. Sie erschraken und paddelten in den Wald, um den Botos zu entkommen. Diese folgten ihnen, indem sie mit dem Schwanz das Wasser peitschten, als seien sie verärgert.

»Die Encantada hatte sich in mich verliebt«, sagte João. »Und die anderen Delfine waren eifersüchtig, daher verfolgten sie uns. Botos hängen sehr aneinander.« Die Botos blieben bis zum Morgen und schlugen immerfort mit ihren Schwänzen auf die Wasseroberfläche.

Und wenn er nun dem Boto-Mädchen ins Wasser gefolgt wäre? Was hätte sie mit ihm gemacht? Gibt es das Zauberreich Encante?

»Encante existiert wirklich. Meine Großeltern sprachen oft davon. Bei Manacapuru gab es einen großen, mit Gras bewachsenen See. In der Mitte des Sees waren Rinder und Hunde zu hören, dazu Musik und Gesang. Wir gingen zum See – Mutter, Tante, Großmutter. Wir glaubten, da wäre eine Party im Gang, nahmen eine Petroleumlampe und gingen hinüber. Als wir uns näherten, wurde es lauter und lauter, doch niemand war zu sehen. Die Töne kamen aus der Tiefe. Von dort, wo die Delfine leben.«

Der Vater des Mädchens, das vom Delfin besucht wurde, arbeitet genau wie João Pena am INPA für Vera. Sie schätzt beide Männer und ist mit ihrer Arbeit zufrieden. Aber die Geschichten glaubt sie nicht – sie hat zu viele davon gehört. »Einmal hat mich eine Frau gefragt, ob ich nicht Angst hätte, verzaubert zu werden«, hatte Vera uns in Manaus erzählt. Regen prasselte auf das Blechdach des offenen Restaurants, in dem wir zusammen aßen, und Blitze zuckten auf allen Seiten. »Sie sagte: ›Essen Sie nie etwas, was Ihnen ein Boto anbietet. Wer davon isst, kehrt nie wieder zurück!‹« Vera lachte vergnügt. »Ich sagte ihr, dass ich Encante furchtbar gern kennenlernen würde. Sie war entsetzt!«

»Aber Sie haben gesagt, Sie glauben nicht an Encante«, sagte ich.

»Stimmt«, sagte sie. »Aber manchmal wünschte ich, das alles wäre wahr.«

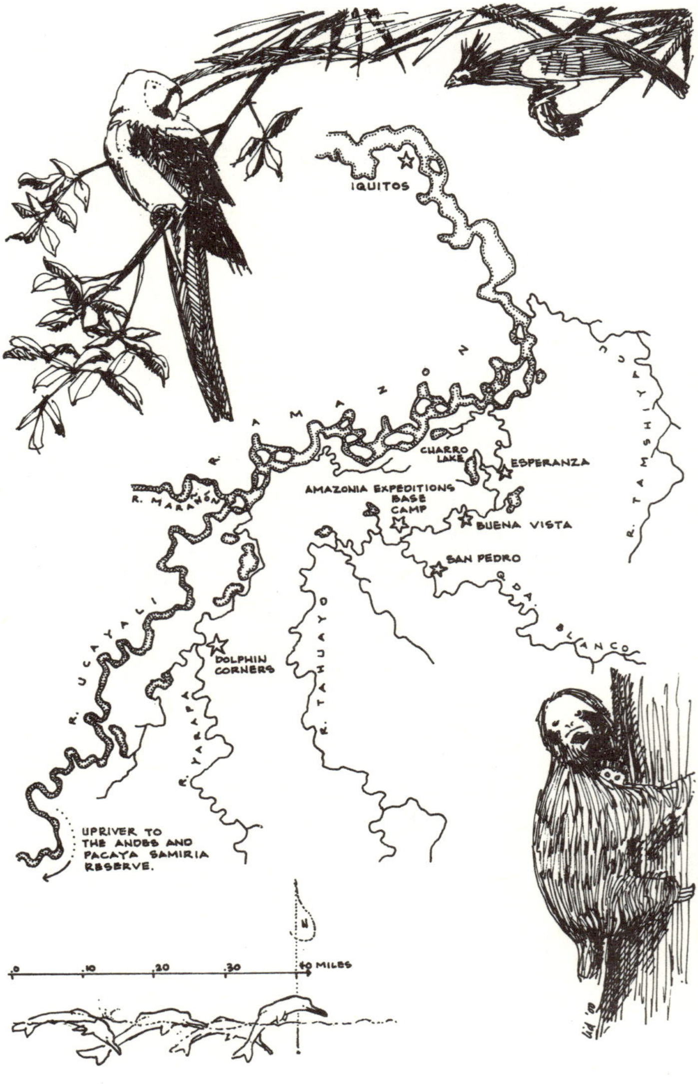

IQUITOS
R. AMAZON
CHARRO LAKE
ESPERANZA
AMAZONIA EXPEDITIONS BASE CAMP
BUENA VISTA
SAN PEDRO
QDA. BLANCO
R. TAMSHIYACU
R. MARAÑON
R. UCAYALI
DOLPHIN CORNERS
R. YARAPA
R. TAHUAYO
UPRIVER TO THE ANDES AND PACAYA SAMIRIA RESERVE.
N
0
10
20
30
40 MILES

Iquitos

Iquitos: Alltag in der Unterwasserstadt

Es gibt tatsächlich eine Unterwasserstadt. Zwei Tage nach unserer zweiten Abreise aus Manaus paddelten wir bereits darin umher.

Der anschwellende Fluss hatte die Hälfte von Belen erobert: das Parterre und den halben ersten Stock der Bar Don Freddy; das Erdgeschoß der Zahnklinik; die untere Hälfte einer riesigen Reklametafel, die Inca Kola anpries; die ungepflasterten Straßen; die hölzernen Brücken; die unteren Geschosse der Pfahlhütten; die Gärten – alles war unter Wasser. Die Straßenlampen schauten aus der Flut heraus wie die Hälse von Wasservögeln. In größerer Entfernung vom Ufer, wo die Häuser aus altem Blech und Sperrholz gebaut und mit Palmwedeln gedeckt sind, hielten dünne Stöcke ein Gewirr von elektrischen Leitungen hoch. Nackte Glühbirnen hingen nur eine Handbreit über dem Wasser.

Delfine leben hier nicht, wohl aber Menschen. Während der monatelangen Regenzeit, wenn der Fluss die Stadt in nasser Umarmung hält, drängen sich etwa vierzigtausend Menschen in den obersten Stockwerken ihrer Häuser, Restaurants und Läden, die auf Pfählen im braunen Wasser des Amazonas stehen, und leben dort wie Noah in der Arche gemeinsam mit ihren Hühnern, Schweinen und Hunden. Auch die Blumentöpfe mit den notwendigsten Pflanzen finden noch Platz. Wenn der Pegel wieder sinkt, kommt alles wieder runter.

Vorläufig aber können sie sich nur per Kanu bewegen. Die kleinen Kinder planschen im Fluss, als wäre es ihr Spielplatz. Die größeren, in ihren blau-weißen Uniformen, paddeln in die Schule. In den Pausen spielen sie im Klassenzimmer Fußball, weil der Sportplatz sechs Meter tief unter Wasser steht.

Belen ist ein Stadtteil von Iquitos, wo die Niederschlagsmenge im Jahr drei Meter beträgt, mehr als in jeder anderen Stadt in Peru. Zwei Reisende, die Iquitos vor einigen Jahren besuchten, schrieben, die Stadt wirke »wie ein Rettungsboot, überfüllt und an den Urwald geworfen ... noch ein einziger ordentlicher Regen, und die ganze durchweichte Stadt könnte davongleiten.« Aber die Slums von Belen wachsen trotzdem ständig, weil Menschen vom Land in die Stadt strömen, angelockt von der Hoffnung auf Geld und auf Teilhabe an den Segnungen der Zivilisation in der größten Urwaldstadt von Peru.

Die Unterwasserstadt von Belen ist kein Zauberreich. Händler paddeln von Hütte zu Hütte und verkaufen Tomaten, Fisch, Zigaretten, Cola und *juânes*, das allgegenwärtige Reisgericht mit Hühner- oder Schweinefleisch, das in duftende Blätter eingewickelt wird. Ihre Kundinnen waschen ihre Wäsche in dem Wasser, über dem ihre Latrinen angebracht sind, dem gleichen Wasser, in dem ihre Kinder schwimmen und das sie unabgekocht trinken. Überall sind auf großen Tafeln die Warnungen der Gesundheitsbehörden zu lesen: *EL COLERA ES UNA ENFIRMEDAD QUE PODEMOS EVITAR*! (Cholera ist eine vermeidbare Krankheit!) Aber die Leute, die hier leben, können natürlich nicht lesen – wie übrigens die Hälfte der peruanischen Bevölkerung. Und wer doch lesen kann, kocht das Wasser trotzdem nicht ab. »Kochen tötet doch das ganze Leben im Wasser!«, hat einmal eine Frau als Begründung angegeben.

Iquitos hat angeblich 328.000 Einwohner, aber niemand hat eine Ahnung, wie viele es tatsächlich sind. Die meisten sind arm. Manche wollen lieber nicht gezählt werden. Iquitos verschlingt Menschen, genau wie Encante – und viele hier lassen sich gern verschlingen. Sie werden nicht durch zaubermächtige Delfine verlockt, sondern durch eine anders geartete Unterwelt. In Iquitos lauern Verführungen aller Art, es ist ein Hexenkessel von Bedürfnissen und Begierden, von Armut, Leidenschaften und Gerüchten, von entwurzelten Menschen und unerfüllten Träumen.

»Keine Straßen, kein Telefon, kein Radio – das ist der richtige Platz für mich!« Als Jamie R., der jetzt ein großes, elegantes Restaurant betreibt, vor 18 Jahren zufällig hierher kam, beschloss er zu bleiben. Iquitos ist die Hauptstadt der Urwaldprovinz Loreto, die größer ist als Deutschland, aber keine gepflasterte Straße durch den Wald hat. Wie viele andere Einwohner der Stadt kam Jamie hierher, weil er vor etwas auf der Flucht war – in seinem Fall handelte es sich um die Ehefrau. Heimatlose Gringos, wie die Nordamerikaner hier genannt werden, prahlen in den Bars mit ihren Dschungelabenteuern. Es gibt ein Dutzend Unternehmen, die Dschungeltouren durchführen, und 38 Vertretungen von internationalen Hilfs- und Umweltschutzorganisationen, die sich gegenseitig nach Kräften schlecht machen.

In der Trockenzeit, so hörten wir, wimmelt es hier von Gringos. In den frühen Neunzigerjahren ging der Tourismus etwas zurück, teils wegen Terrorakten des *Sendero Luminoso*, des Leuchtenden Pfads, teils aber auch, weil die

Flugzeuge der einzigen Fluggesellschaft, die Direktflüge zwischen Miami und Iquitos anbot, mit schöner Regelmäßigkeit in den Anden zerschellten. Die Gesellschaft ist inzwischen pleitegegangen, dafür hat sich der Tourismus erholt. Etwa dreißigtausend ausländische Touristen und 73.000 Peruaner kommen jedes Jahr hierher, denn Iquitos ist das Tor zum peruanischen Amazonas-Urwald, der Abenteurer aller Art anlockt. Sie kommen, um Kajak zu fahren, Vögel zu zählen, Einheimische kennenzulernen oder Affen zu beobachten. Manche kommen, weil sie Blasrohre und Halsketten aus Affenzähnen haben wollen. Manche kommen auch, um sich der Faszination des Urwalds hinzugeben, um unberührte Natur zu suchen und sich selbst dabei zu finden.

Über solche Typen sind eine Menge Geschichten in Umlauf. Da gab es einen Mann aus Wisconsin, der unbedingt barfuß durch den Dschungel wandern, Wasser aus dem Fluss trinken und ohne Moskitonetz schlafen wollte. Als er wieder auftauchte, waren seine Füße förmlich durchlöchert, die Insektenbisse infiziert; er hatte Diarrhö und wand sich in Bauchkrämpfen. Da gab es den selbst ernannten Schamanen aus Kalifornien, der die heiligen Drogen der Ayahuasqueras ausprobierte. Er kotzte sich die Seele aus dem Leib und wollte nichts wie heim. Es gibt Touristen, die jedes Jahr wiederkommen. Aber dass jemand in Iquitos wirklich *lebt*, kann man sich nicht recht vorstellen; und in der Tat lebt ein großer Teil der Bevölkerung nur vorübergehend hier. Lehrer, Missionare, Helfer, Soldaten und Seeleute dienen ihre Zeit ab und verschwinden wieder. Wer mit illegalen Drogen und geschützten Tieren handelt, kommt und geht. »Hier stellt niemand Fragen«, sagt Jamie. »Hier kannst du alles kriegen, was du willst, hier kannst du alles sein, was du willst.«

Iquitos wurde etwa 1750 als Missionsstation der Jesuiten gegründet, entwickelte sich aber während des Kautschukbooms zu einer Hauptstadt des Verbrechens. Die Gummibarone, die hier residierten, zeichneten sich durch ganz besondere Grausamkeit dem indigenen Volk gegenüber aus. Allein im Kautschukreich des berüchtigten Julio César Arana, am Putumayo-Fluss, wurden etwa dreißigtausend Ureinwohner umgebracht. Einer seiner Aufseher lebte nach dem Motto: »Erst töte ich die Väter, dann amüsiere ich mich mit den Töchtern.« Auch in seinen besten Zeiten war Iquitos ein unkultivierter und barbarischer Ort, und der Polizeichef scheute sich nicht, mit den schlimmsten Indianerschlächtern Saufgelage abzuhalten.

Ein junger Eisenbahningenieur aus New York machte die Verbrechen Aranas durch Zeitungsartikel in aller Welt bekannt, und es erhob sich allgemeine Empörung. Auch das trug zum Ende des Kautschukbooms bei. Aber ausgeplündert werden der Urwald und seine Bewohner noch heute; der Blutstrom, der jetzt fließt, besteht aus Öl, Holz, Kokain und Tieren.

Iquitos ist immer noch eine abgelegene Grenzstadt. Jetzt hat es zwar Radio und Telefon, aber immer noch keine Straßenverbindung zur Welt; man kommt nur mit dem Flugzeug oder per Schiff hin. Wir waren von Manaus in die kleine Grenzstadt Tabatinga geflogen, wo Brasilien an Kolumbien und Peru stößt, und hatten dort in einem Hotelzimmer voller Moskitos geschlafen. Es gab keine Haken für die Moskitonetze und die deckel- und sitzlose Toilette in einer Ecke des

Zimmers war von einer Pfütze umgeben. »Du musstest ja unbedingt in der Regenzeit reisen«, sagte Dianne. »Jetzt haben wir sogar in unserem Zimmer eine Überschwemmung.«

Um halb fünf Uhr früh fuhren wir mit einem zwanzigsitzigen Boot namens *Loreto Rápido* – es trägt seinen Namen nicht zu Unrecht, denn sein 230-PS-Diesel macht über sechzig Stundenkilometer – weiter und kamen zehn Stunden später in Iquitos an. Hier trafen wir uns mit Moises Chavez, der bei einem meiner Freunde, Paul Beaver, arbeitet. Paul betreibt die einzige Lodge in einem riesigen Reservat am Tahuayo, in dem sich mehr Arten von Affen und Nagetieren finden als irgendwo sonst in Südamerika, und – das hatte uns Paul versprochen – eine große Zahl von Delfinen. Paul hatte uns eingeladen, seine Lodge als Stützpunkt zu benutzen, und uns Moises als Führer zur Verfügung gestellt.

Im Garten unseres kleinen Hotels lernten wir uns kennen. Moises war ein kleiner, kräftiger Mann von 38 Jahren mit hohen Backenknochen und einer weichen Stimme. Sein Vater war Lehrer gewesen und von der Regierung zu isoliert lebenden indigenen Völkern geschickt worden. Moises und seine elf Geschwister lernten von den Menschen am Napo, was man über den Urwald wissen muss; von den Yaguas, die sich das Gesicht jeden Tag mit kunstvollen roten Mustern bemalen und Grasröcke tragen, und von den Secoyas, die ihre Körper durchstechen und ihre Angelhaken an einem Loch in der Nase aufhängen.

Moises kennt viele Delfin-Geschichten, vom Vater, von der Großmutter und von den Yaguas und Secoyas. Meist sind sie sehr lang und so unübersichtlich wie das Flusssystem im Urwald. Wenn er erzählt, nehmen seine dunklen Augen einen so abwesenden Ausdruck an, als blickten sie in die Vergangenheit. Und der Schlusssatz verläuft immer nach dem Muster: »Das hat mir meine Großmutter (mein Vater, ein alter Indio) erzählt, als wir am Napo bei den Yaguas lebten. Deshalb weiß ich, dass es wahr ist.«

Moises überprüfte unsere Ausrüstung für die Reise flussaufwärts sehr gründlich und fand, dass etwas sehr Wichtiges fehlte. Wir hatten zwar Stirnlampen und starke kleine Taschenlampen, aber er meinte, wir bräuchten unbedingt noch große Lampen für den Fall, dass wir uns nachts im Dschungel verirrten. Also zogen wir zusammen los, um auf dem Markt von Belen welche zu besorgen.

Die Verkaufsstände ziehen sich an der Straße entlang, die zum Fluss und den überfluteten Slums hin abfällt.

In winzigen Buden werden Zigaretten und Musikkassetten, Socken und Hängematten, Spitzen und Angelhaken zum Verkauf angeboten. Eine Monatspackung Antibabypillen ist hier für weniger als eine Mark zu bekommen – aber die Familien haben im Durchschnitt neun Kinder. Neben Billigwaren aus den USA und China warten die Erzeugnisse des Dschungels auf Käufer: Berge von getrockneten Fröschen und Fischen, gebleichte Panzer von Gürteltieren, Piranhazähne und exotische Früchte in üppiger Farben- und Formenpracht.

Über dem ganzen Markt lag dick der Geruch von gebratenem Fleisch. Über Holzkohlenfeuern brieten die Köpfe und Füße von Flusskaimanen und Spieße mit kleinen Mauerseglern, deren Füße und Schnäbel schon verkohlt waren. An einem Stand gab es riesige Amazonasschnecken zu kaufen, deren Gehäuse so groß wie eine Männerfaust ist. Mit einer Suppe aus diesen Schnecken, belehrte uns Moises, könne man Tuberkulose heilen. Der nächste Händler verkaufte vergorenen Honig in Flaschen. Von den zehn Bienenarten, die es im Urwald gibt, produziert nur eine den Honig, aus dem dieses Elixier hergestellt wird, erklärte Moises. Ein Schamane muss den Honig für ein paar Wochen in der Erde vergraben und ihn dann mit verschiedenen Rinden und Säften versetzen. Die so gewonnene Medizin ist gut gegen Arthritis und gegen die Unfruchtbarkeit junger Frauen. Auch die verwestlichten Inhaber der gehobenen Läden, Hotels und Restaurants glauben an die Magie des Dschungels. Es gibt kaum einen Geschäftsmann in Iquitos, der nicht irgendwo den Kopf einer Boa constrictor oder ein Gefäß mit Delfinfett aufbewahrt, denn diese beiden Dinge ziehen Geld und Frauen an. Aber mit dem Delfinfett muss man sehr vorsichtig umgehen. Es darf nicht in die falschen Hände geraten, denn, so sagt Moises, »die Macht der Delfine kann man nicht beherrschen«.

Plötzlich fühlte ich Diannes Hand auf meinem Arm. »Mein Gott, Sy!« Sie starrte eine kleine, dunkle Frau mit einem rosa Kleid an, auf deren Schulter sich ein junger Marmoset anklammerte. Marmosetten, Zwergkrallenaffen, sind die kleinsten Primaten der Welt, winzige, großäugige Kobolde. Ihre Körpergröße – den schwarz-braun geringelten Schwanz nicht eingerechnet – beträgt nur zehn Zentimeter. Mit ihrem runden Kinderkopf, den großen Augen und der Stupsnase sind sie einfach hinreißend. Wir hatten immer gehofft, sie in der Wildnis zu sehen. Marmosetten leben in Gruppen von sieben bis neun Tieren und verständigen sich untereinander mit Trillern, warnenden Pfeiftönen und klickenden Drohlauten. Nachts schlafen sie in Baumhöhlen.

Am Tag trinken sie Baumsaft, fangen mit ihren winzigen, geschickten Händchen Insekten und pflücken Früchte und Knospen. Männchen und Weibchen paaren sich für immer und sind sehr liebevolle Eltern. Der Vater hilft sogar bei der Geburt. Er nimmt die Babys, die wie Menschen unbehaart und hilflos sind, in Empfang und säubert sie. In der Regel sind es Zwillinge. Zuerst klammern sie sich an den Bauch der Eltern, später reiten sie auf ihrem Rücken. Damit dieser kleine Affe gefangen werden konnte, waren wahrscheinlich seine Eltern getötet worden.

In der nächsten Bude krallte sich ein schwarzgesichtiger Wollaffe in die Haare eines Mannes. Am Arm eines anderen Verkäufers hing ein verschrecktes Titi-Äffchen. Ich kannte Titis aus dem Zoo; sie sitzen gern paarweise beisammen und verschlingen die Schwänze ineinander. Nebenan spielte eine Gruppe Männer Karten. Einer davon trug ein Kapuzineraffen-Baby wie einen Armreif um das Handgelenk. Das Kleine klammerte sich mit seinen menschenähnlichen Händchen und Füßchen verzweifelt an ihn und schrie bei jeder Bewegung angstvoll auf. In all diesen Fällen waren vermutlich die Elterntiere umgebracht worden, damit man die Babys hier verkaufen konnte.

In vielerlei Käfigen sahen wir Papageien, bunte Sittiche und weitere kleine Affen und Halbaffen – lauter bedrohte Arten. In einem kleinen Käfig waren zwei Baby-Kaimane, zwei Wasserschildkröten, zwei Tamarin-Affen und ein junger

Aguti - ein im Wasser lebendes Nagetier mit schweineähnlichem Körper und hasenähnlichem Kopf - zusammengepfercht. Die kleinen Tamarine umklammerten einander wie verängstigte Kinder. Der Anblick zerriss Dianne das Herz. Sie hat einmal im Zoo von Fresno gearbeitet und dort zusammen mit ihrem Mann zwei junge Tamarine aufgezogen, die von der Mutter nicht angenommen worden waren. Dianne und ihr Mann waren hingerissen von der Geschicklichkeit, der Neugier und dem ständigen lebhaften Geschwätz der kleinen Affen, die im Haus herumflitzten, die Vorhänge hinaufkletterten und von Lampe zu Lampe sprangen. Das Leben eines Tamarins musste herrlich sein, dachte Dianne damals.

Auf dem Käfig waren noch ein Tamarin und ein Eichhörnchen-Affe mit Stricken festgebunden. »CITES, Anhang eins«, knurrte Dianne zähneknirschend. CITES ist die Konvention über den internationalen Handel mit gefährdeten Arten (Convention on International Trade in Endangered Species). Auf jährlichen Versammlungen beschließen die CITES-Delegierten, welche Tierarten vor der kommerziellen Ausbeutung geschützt werden müssen. Der Handel mit all den Tieren, die wir hier gesehen hatten - ausgenommen einzig der Aguti -, war international strengstens verboten. Ein weißer Polizeiwagen stand ganz in der Nähe, aber niemand ließ sich davon beeindrucken, denn in solche Kleinigkeiten mischt sich die Polizei nicht ein. Sie konzentriert sich auf einträglichere Geschäfte. Die äußerst seltenen Tamarine kosteten 15 Soles, nicht einmal zehn Euro; der winzige Marmoset mit zwanzig Soles ein bisschen mehr. Mir tat das Herz weh um Vater Marmoset, der sich so rührend um sein Kind gekümmert hatte, um den kleinen Titi, der eigentlich seinen

Schwanz um den eines Freundes schlingen sollte, und um die Schildkröten, die noch dreißig, vierzig, ja achtzig Jahre leben könnten. Aber das interessierte die Verkäufer nicht im Geringsten; für sie zählten nur die paar Soles.

Ziemlich deprimiert kehrten wir ins Hotel zurück.

Als wir Iquitos verließen, regnete es wieder. Ein männlicher Regen, sagte Moises; er würde heftig sein und nur ein paar Stunden dauern. Ich fror und war schlechter Laune. Ich hatte einen rauen Hals, weil mir vor drei Tagen auf dem Rápido-Boot mit seinen von Plastikplanen nur sehr unzulänglich verhängten Fenstern acht Stunden lang der Regen in den Kragen gelaufen war. Wir luden unser Gepäck in ein Boot namens Hoatzin, das mit einem Dach aus Palmblättern und mit Zeltbahnen ausgerüstet war und uns einen ganzen Tag lang stromaufwärts tragen sollte. Krächzend begrüßte ich unsere Mitreisenden. Bootsführer war Mario Huanaquiri, ein hübscher junger Mann mit glattem schwarzen Haar, einheimischen Zügen und Zähnen, die mit Gold eingefasst waren. Er war schon zum zweiten Mal verheiratet, und Moises sagte: »Vielleicht hat er ein bisschen Delfinfett.« Dianne und ich tauften ihn Super Mario.

Der 31-jährige Stephen Nordlinger, ein lebhafter, drahtiger Mann, arbeitete als Rechtsberater in einer Klinik in Florida. Er war Experte für orientalische Kampftechniken und traf sich mit seinen Freunden zum Kämpfen, so wie andere sich zum Essen treffen. Er war schon im Vorjahr am Amazonas gewesen, zusammen mit seiner Mutter, einer furchtlosen Frau, die auf ihren Reisen in den Wilden Westen Amerikas schon mal einen Skorpion oder eine Tarantel aufhebt und ihrem Sohn schickt, wie andere Mütter ihren Kindern Plätzchen schicken. Damals hatten ihn Feuerameisen gebissen. Das Camp war von Armeeameisen überfallen und drei Tage lang besetzt gehalten worden. Glücklicherweise begeistert sich Steve für Ameisen und zählt dieses Erlebnis zu den Höhepunkten der Expedition. Auf dieser Reise wollte er seine Studien der Ameisen, Spinnen und Insekten des Amazonasgebiets fortsetzen, viel zeichnen und sein Spanisch verbessern.

Jerry Goszczycki, vierzig Jahre alt, war Fitnesstrainer, groß, blond und muskelbepackt. Er wollte in Peru *Survival-Camping* machen. Zusammen mit seinem Führer Rudy Flores, einem 25-Jährigen mit lebhaften braunen Augen und vorzüglichem Englisch, wollte Jerry sich ein Floß bauen, um flussabwärts zu fahren und den Urwald zu erforschen. Das klingt nach Kraftprotz und Macho, aber Jerry war ganz anders. Er interessierte sich sehr für alternative Heilmethoden, die er im nächsten Jahr bei einer Chinareise studieren wollte. Seine Visitenkarte zeigt auf der Vorderseite zwei Gewichtheber, seinen Namen und seine Adresse und auf der Rückseite folgenden Text:

> Der Weg zum Glück
>
> Halte dein Herz frei von Hass, deinen Geist frei von Sorge. Lebe einfach, erwarte wenig, gib viel. Erfülle dein Leben mit Liebe. Verbreite Sonnenschein. Vergiss dich selbst, denk an andere. Behandle andere so, wie du behandelt werden möchtest.

Nach achtstündiger Fahrt erreichten wir Pauls gepflegte, palmblattgedeckte Lodge. Iquitos schien uns hier Welten entfernt. Das Gebäude steht auf Pfählen mitten im Wasser. Das Strömen des Flusses ist selbst im Schlaf noch spürbar. Der sanfte Schein der Petroleumlampen im Esszimmer ist das einzige künstliche Licht. Kein Generator übertönt die Rufe der Tauchvögel und Schreieulen, die blubbernden Geräusche der Baumfrösche, die Schwanzschläge der Kaimane und das Platschen der springenden Fische. Und der Ziegenmelker ruft den Namen des Flusses: »Ta-huayo! Ta-hua-yo!« Später, wenn wir auf nächtlichen Kanufahrten mit unseren großen Lampen in die Bäume leuchteten, sollte Moises uns das rötliche Glühen in den Augen dieses Vogels erkennen lehren.

Die lange Bootsfahrt hatte die schlimmen Eindrücke von Iquitos aus unseren Seelen getilgt, und nach dem Regen war der Himmel klar. Der Sternenhimmel erschien mir heller denn je. Er ist am Äquator ganz anders als in Nordamerika und ich kannte die Sterne nicht. Ein einziges Sternbild erstreckte sich über ein volles Viertel des Himmels: Hydra, die Wasserschlange. Eine riesige Anakonda, so glauben viele Amazonasvölker, ist die Mutter aller Wassergeschöpfe. Und ihre Verbündeten, erinnerte ich mich, sind der Regenbogen und der Delfin.

Vanilleduft im Regenwald

Wenige Tage später fand ich mich sieben Etagen hoch in einem riesigen Machimango-Baum wieder. Ich hing an einem dünnen Seil über dem schwarzen Wasser, in dem es von Piranhas wimmelte, und war wieder mal auf der Suche nach Delfinen.

In den vergangenen Tagen hatten wir mit Moises und Mario mehrere Seen erforscht und festgestellt, dass Paul recht hatte: Es gab viele Delfine. Aber wenn man sie beobachten wollte, kam man sich auch hier wieder vor wie beim Hütchenspiel: Ein Delfin ließ ein bisschen was von sich sehen und verschwand wieder – und man konnte nie wissen, wann und wo er wieder auftauchen würde oder ob derjenige, der als Nächster erschien, dasselbe Exemplar war oder ein anderes. Von unserem Platz im Boot aus wirkte die Wasseroberfläche wie eine Klapptür, die nur die Delfine öffnen konnten und die hinter ihnen wieder zufiel.

Am Charro-See hatten wir schon einmal versucht, durch diese Tür zu kommen. Dieser See liegt eine Stunde mit dem Boot flussabwärts; er hat die Form einer Acht, und in der Mitte ragt die Krone einer hohen Mimose aus dem Wasser. Die Delfine mögen diesen See bei Hochwasser, sagte Moises, und tatsächlich sahen wir schon aus der Ferne ein paar Rückenfinnen sich langsam erheben und wieder verschwinden. Hier könne man ohne Bedenken schwimmen, sagte Moises, es gebe keine Piranhas. Ich hoffte, die Delfine besser sehen zu können, wenn ich auch unter Wasser war.

Dianne und ich glitten freudig über den Rand des Kanus, hinein in die kühle, nasse Dunkelheit, die uns dicht umschloss. Ich stieß die Luft aus wie ein Delfin, ließ mich unter die Oberfläche sinken und öffnete die Augen.

Ich schwimme oft mit offenen Augen unter Wasser, in den Seen zu Hause und auch im Meer, und kann Tiere und Pflanzen dabei recht gut sehen. Aber hier war das Wasser schwarz wie die Nacht und ich sah nicht einmal meine eigenen Hände. Schwerelos wie eine Raumfahrerin hatte ich das Gefühl, durch einen sternenlosen Nachthimmel zu gleiten.

Moises rief uns zu, dass die Delfine sich näherten. Einmal kamen sie bis auf sechs Meter heran, aber wir sahen noch weniger von ihnen als vom Boot aus; jede kleine Welle nahm uns die Sicht. Wir planschten im Wasser, um sie neugierig zu machen; wir schwammen auf sie zu und wieder weg; aber was wir auch versuchten, sie kamen nicht näher heran.

Schließlich badeten wir einfach zum Vergnügen weiter. Nach einiger Zeit sagte Moises: »Nicht ins Wasser pinkeln.«

»Wie?«, fragte Dianne erschrocken. Sie hatte, wie immer, seit vier Uhr morgens ständig Kaffee getrunken und auch die riesige Thermosflasche, die sie sich mitgenommen hatte, bereits geleert.

»Candirú?«, fragte ich. Candirús sind die gefürchtetsten Fische im Amazonas, noch vor den Piranhas. Diese winzigen, nadelförmigen Fische werden vom Uringeruch angelockt und setzen sich in der Harnröhre des Menschen fest. Dort verhaken sie sich mit ihren rückwärts gerichteten

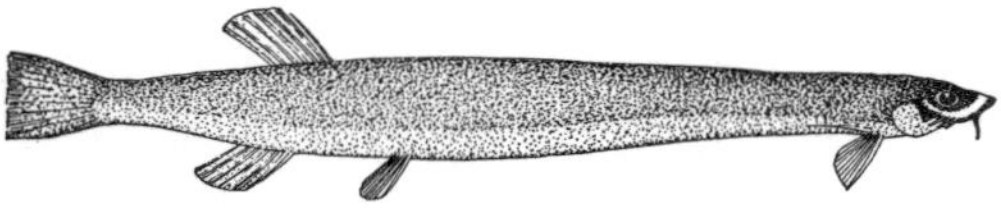

Stacheln wie Dübel und sind nur durch eine Operation wieder zu entfernen.

Dianne und ich aber hatten nichts zu befürchten; in den Schwarzwasserflüssen leben keine Candirús. Zumindest hatten wir das gelesen. Moises hatte sich nur einen Spaß mit uns gemacht.

Dass ich mich jetzt hoch oben in einem Baum befand, war ein neuer Versuch, das schwarze Wasser mit den Augen zu durchdringen. Ich hoffte, von dieser Höhe aus die Delfine besser zu sehen. Der Aufstieg war nicht einfach. Die Kletterausrüstung ist die gleiche, wie man sie im Gebirge benutzt, um überhängende Felsen zu erklettern. Man hat Ledergurte um Oberschenkel und Hüften und eine sogenannte Prusikschlaufe. Man setzt einen Fuß in die Schlaufe, und indem man das Bein streckt, schiebt man sich in die Höhe. Dann ergreift man mit den Händen den nächsten Knoten im Hauptseil und tritt wieder in die Schlaufe. Zu Beginn war mir das Ganze ziemlich unheimlich, aber ich gewöhnte mich schnell daran, und bald war ich ganz begeistert von diesem neuen Erlebnis.

Ich kam immer höher in diesem mächtigen Baum, der am Fuß dicker war als unser Kanu lang, vorbei an Schnecken, die an der Unterseite der Blätter klebten, durch eine Wolke von Stechmücken, vorbei an einem Termitenbau, der im Baum hing, vorbei an einer Bromelie so groß wie ein Volkswagen, vorbei an einem verlassenen Wespennest, immer aufwärts – in die Schlaufe treten, das Bein strecken, das Seil nachziehen, den nächsten Knoten ergreifen. Die blau geflügelten Sittiche flogen direkt vor meinen Augen vorbei, die gelben Schmetterlinge flatterten bereits unter mir, und immer noch stieg ich weiter.

Schließlich erreichte ich das Ende des Seils und der Vanilleduft kleiner weißer Orchideen stieg mir in die Nase.

Ich blickte aufs Wasser hinunter. Es war ruhig und dunkel und undurchdringlich wie die Nacht.

Regen tropfte von den Bäumen, als wir am Morgen zum See fuhren, wie immer auf der Suche nach Delfinen. Das Wasser war weiter gestiegen und hatte neue Wege eröffnet. Moises und Mario lotsten unser Boot durch Baumkronen. Wir hatten Vogelnester und Bromelien auf Augenhöhe und konnten in die Löcher schauen, wo Tukane und Papageien nisteten. In jedem Baum wimmelt es von Leben. Fledermäuse hängen in finsteren Winkeln, faustgroße, haarige Spinnen (fälschlich oft Taranteln genannt) jagen Vögel, die in Baumhöhlen nisten. Wie alle Spinnen vergiften sie ihre Beute, verflüssigen ihr Fleisch und saugen es heraus. Ameisen quellen aus riesigen schwarzen Auswüchsen an den Stämmen, Tausendfüßler eilen durch die Schrunden der Rinde. Schlingpflanzen winden sich in die Baumwipfel, bilden kühne Türme und lassen sich wieder zum Wasser herabsinken.

Jeden Tag waren wir im Kanu unterwegs. Und jeden Tag sah das Wasser anders aus, selbst wenn es sich um denselben See handelte. Eines Tages war der Charro-See purpurrot geworden, ein andermal wieder glänzte er wie Silber. Die großen Seerosenteppiche auf dem Tibe-See, wo wir eine Delfinmutter mit ihrem Kind beobachteten, waren eines Tages über und über mit leuchtend weißen, duftenden Blüten bedeckt, in denen glänzende Insekten krabbelten; das nächste Mal, als wir kamen, waren die Blüten verschwunden. Am drei Meter tiefen Domingo-See, der im Sommer trocken liegt, sahen wir einmal ein Delfinbaby einen außerordentlichen Sprung vollführen, der den ganzen Körper sehen ließ.

Als wir zum Camp zurückfuhren, entdeckten wir ein fünf Meter langes und über einen Meter hohes Spinnennetz zwischen den Ästen zweier Águabiche-Bäume. Moises schätzte, dass etwa zehn Fischerspinnen daran mitgewirkt haben mussten. Wir waren an dieser Stelle schon öfter vorbeigekommen, aber erst an diesem Tag hatte der Nebel das Netz sichtbar gemacht. So ziemlich das Einzige, was immer gleich blieb, waren die Faultiere. Am Weg zum Domingo-See hausten drei in einem Mimosenbaum; ihr zottiges Fell war von Algen besiedelt und ganz grün. Moises pfiff und sie wandten langsam den Kopf und starrten ihn hochmütig an. Dianne wollte eines fotografieren und hoffte, es in einer günstigeren Stellung zu erwischen, aber Moises musste sie enttäuschen: Dieses Faultier werde sich heute nicht mehr bewegen. Und wirklich, am nächsten Tag fanden wir sie alle drei noch im selben Baum.

Auf dem Weg zu den Seen führte uns Moises auf Abkürzungen über die Spiegelwelt des überfluteten Waldes. Oft steuerte er das Boot zwischen den Ästen dornbewehrter Astrocaryum-Palmen durch. Die Dornen schienen unser Eindringen übel zu nehmen und waren darauf aus, sich zu rächen. Wenn sie näher kamen, schrien entweder Dianne oder ich »Dornen!«, und wir machten uns möglichst schmal. Zwischendurch war auch gelegentlich ein niedriger Ast im Weg, und wer ihn zuerst bemerkte, schrie »Ast!«, und wir duckten uns. Manchmal stieß unser Kanu an den dünnen Stamm eines der Cecropia-Bäume, die im Hochwasser wie Unkraut wachsen. Dann regneten kleine, aggressive Ameisen auf uns herab, in unsere Haare, in unsere Kleidung, in unsere ganze

Ausrüstung, und wir schrien: »Ameisen!« Diese Ameisen leben an den Ansätzen der neunlappigen Cecropia-Blätter und ernähren sich vom Nektar, den die Blätter produzieren. Wir merkten schnell, dass sie sich bei ihrem Wirt bedanken, indem sie alles angreifen und beißen, was ihn berührt. »Sie sind nicht giftig«, sagte Moises ungerührt, während wir hektisch versuchten, die Ameisen wieder loszuwerden.

Die einzigen Ameisen, die Moises wirklich interessierten, waren diejenigen, deren Gift stark genug war, einen Menschen ein paar Stunden lang außer Gefecht zu setzen. Eine dieser Arten lebt in den Hohlräumen des Tangaranga-Baumes und wir bekamen bald einen scharfen Blick für die länglich-ovalen Blätter dieses Baumes. Auch vor der riesigen Paraponera-Ameise hatte Moises Respekt. Sie ist fast drei Zentimeter lang, glänzend schwarz und mit einem Stachel und so viel Gift versehen, dass sie mehrmals hintereinander zustechen kann. Ihr Gift legt auch einen starken Mann einen Tag lang lahm. Dann gibt es auch noch die Familie der Odontomachus-Ameisen, die beißen *und* stechen. Sie lauern unter jedem Holzklotz, und wenn man sie stört, quellen sie hervor wie Blut.

Trotz aller Dornen, Spinnen, Äste und Ameisen kamen uns die Wasserwege, auf denen Moises uns führte, erheblich sicherer vor als das Land. Eines Nachmittags nahm Moises Dianne, Jerry, Steve und mich auf eine Wanderung durch den Regenwald mit. Anfangs witterten wir bei jedem Schritt eine Falle; wir rechneten ständig damit, von Ameisen und Giftschlangen überfallen, von den Bäumen mit giftigen Säften und Raupen überschüttet und von Schlingpflanzen zu Fall gebracht zu werden und in Dornbüsche zu stolpern.

»Pass gut auf«, sagte Dianne, als wir bei brütender Hitze losmarschierten, »ganz besonders – überall.«

Es zeigte sich, dass Moises den Wald mit ganz anderen Augen sah, als wir es taten. Er war bei den Ureinwohnern am Napo aufgewachsen, einem Nebenfluss des Amazonas, der in Ecuador entspringt und nach Peru fließt. Er deutete auf eine Schlingpflanze mit rötlicher Rinde, ungefähr so dick wie eine Anakonda. »Dieser Bursche«, sagte er, »gibt dir Wasser, wenn du dich im Dschungel verirrt hast.« Er hieb die Liane mit seiner Machete durch und hielt den abgeschlagenen Stamm über unsere Köpfe, sodass uns das kühle, frische Wasser in den Mund lief. Dann steckte er ihn in die Erde, wo er wieder anwachsen würde, wie Moises versicherte.

Ein paar Schritte weiter ritzte er einen großen, graugrünen Baum mit seiner Machete an. Erst quoll roter Saft heraus, dann weißer, der wie Rahm über die glatte Rinde herabrann. »Dieser Bursche«, sagte er, »heißt *árbol de leche*, Milchbaum. Er gibt dir Kraft für zwei ganze Tage.« Die Leute am Fluss, so erklärte er, benutzten die Milch auch, um Anämie zu heilen. Und wenn man den Saft koche, gewinne man einen Leim, mit dem man Vögel fangen könne.

An einem anderen Stamm war eine kleine schwarze Geschwulst zu sehen, ähnlich einem Gallapfel. Moises zündete sie mit einem Streichholz an und sie brannte wie eine Öllampe. In dem Gallapfel lebe ein kleiner Käfer, sagte Moises. Dieser Bursche bewirke, dass der Baum eine Art Teer erzeuge, mit dem die Leute ihre Blasrohre abdichteten und in ihren Hütten Licht machten.

Moises nannte jede Pflanze, jedes Tier im Urwald »dieser Bursche«. Für ihn waren alle Erscheinungsformen des

Lebens beseelt. Manche, wie die Tangaranga-Ameise, sind feindlich und können den Menschen schaden. Andere aber, wie die Wasser-Schlingpflanze, der Milchbaum und der Harz-Gallapfel, sind freundlich und geben dem Menschen, was er braucht – Wasser, Nahrung, Licht.

Ich erinnerte mich, was mein Freund Mark Plotkin, der sich als Ethnobotaniker bezeichnet, vor Kurzem in New York bei einem Vortrag gesagt hatte: »Ein westlich geprägter Mensch schaut in den Urwald und sieht Grün.« Im Zusammenleben mit den Ureinwohnern des Amazonas aber habe er schnell erkannt: »Ein Einheimischer schaut in den Urwald und sieht ein Lebensmittelgeschäft, einen Haushaltswarenladen, eine Reparaturwerkstätte und eine Apotheke.« Mark beschäftigt sich schon seit zehn Jahren mit der Pflanzenkunde der indigenen Völker und lernt immer noch dazu.

Die Menschen in den Dörfern, an denen wir jeden Tag vorbeikommen, sind keine indigenen; sie haben portugiesische und manchmal auch afrikanische Ahnen. Aber auch sie benutzen viele Pflanzen im täglichen Leben. Mit den Blättern der Yarina-Palme decken sie ihre Dächer. In Minutenschnelle flechten sie aus den Chambira-Wedeln einen Rucksack, der fest genug ist, um darin ein fünfzig Kilo schweres Pekari heimzutragen. Aus den Blattfasern der jungen Maximiliana-Palmen drehen sie im Nu eine Angelschnur. Aus den Fasern unter der Rinde des Baumes weben sie ihre Kleider.

Am erstaunlichsten aber ist, dass die Ureinwohner auch über die chemischen Eigenschaften dieser Pflanzen Bescheid wussten. Tropische Pflanzen, das hatte ich von Mark gehört, enthalten doppelt so häufig Alkaloide wie Pflanzen in gemäßigtem Klima. Alkaloide, die oft bitter schmecken, sind das Ergebnis jahrtausendelanger chemischer Kriegführung zwischen diesen Pflanzen und räuberischen Insekten. Diese chemischen Verbindungen haben, wie Mark schreibt, »auf jede Kultur, wenn nicht auf jeden Menschen, bedeutende Auswirkungen gehabt«. Alkaloide sind verantwortlich für die aufputschende Wirkung des Kaffees, die betäubende Wirkung von Schmerzmitteln, die toxische Wirkung der Gifte.

Die Heilkraft mancher Pflanzen übertrifft alles, was man in medizinischen Laboratorien herstellen kann. Das erste wirksame Mittel gegen Malaria, Chinin, ein Alkaloid aus der Chinarinde, haben die peruanischen Indianer schon vor Jahrtausenden entdeckt. Es ist durchaus möglich, dass das Wissen der Einheimischen des Amazonas uns dazu verhelfen kann, Heilmittel für jetzt noch unheilbare Krankheiten zu finden, wie zum Beispiel Aids oder Krebs.

Aus den gelben Retama-Blüten machen die Ureinwohner des Amazonas einen Tee, der das Gelbfieber heilt; aus der Rinde des Amasisa-Baums gewinnen sie einen Trank, der die Nieren reinigt. Die orangefarbige Rinde des Indano-Baums hilft gegen Ringelflechte und Ausschläge und der Elefantenohr-Philodendron liefert ein Mittel gegen Zahnschmerzen. Die Wurzelrinde des Motello Sanango fördert die Zeugungsfähigkeit der Männer.

Wenn die Leute hier sich mit den Geheimnissen der örtlichen Pflanzen so gut auskannten, wussten sie doch sicher auch über die Gewohnheiten der Delfine Bescheid. Offenbar beobachteten sie die Natur genau. Vielleicht wussten sie, wohin die Delfine wanderten, ob sie in Familiengruppen lebten, ob sie gemeinsam jagten und wie sie ihre Jungen aufzogen. Ich fragte Moises und Mario, ob wir eins der Dörfer besuchen und die Menschen dort befragen könnten.

»Natürlich«, sagten sie. Ich erfuhr, dass Marios Eltern nur ein paar Minuten entfernt wohnten, in einem Dorf namens San Pedro. Sein Vater könne mir viel über die Delfine erzählen, sagte Mario, denn er kenne sie gut.

San Pedro am Quebrado Blanco ist ein hübsches Dorf mit Palmblattdächern und dreihundert Einwohnern. Die meisten Einwohner sind aus Chino hierhergekommen, einem Dorf etwa neun Kilometer flussabwärts, das sich der Fluss langsam erobert hat, indem er seinen Lauf änderte. So etwas kommt immer wieder vor.

Marios Vater Juan und seine Mutter Ilda gehörten zu den ersten Siedlern, die sich hier ihr Pfahlhaus hoch über dem Wasser errichteten. Das Baumaterial lieferte der Wald. Die Hütte ist geräumig; alles, was im Moment nicht gebraucht wird, ist auf den Dachsparren verstaut: Blasrohre und Jagdspeere, Kochtöpfe, eine große Trommel mit Pekarifell für die Tänze bei Feierlichkeiten, das Fell eines Ozelots, den Juan getötet hat, weil er den Hühnern nachstellte. In einer Ecke spielte ein Dreijähriger mit einem Wollaffen. »Mein Sohn«, sagte Mario mit breitem Lächeln. Als wir dem Kleinen ein paar Bonbons gaben, zeigte er das gleiche strahlende Lächeln wie sein Vater.

Ich schüttelte Juan die Hand. »Sag ihm doch bitte, dass ich alles über den *bufeo colorado* erfahren möchte«, bat ich Moises, indem ich den hier für den *Inia* gebräuchlichen spanischen Namen benutzte. Juan erzählte in einer Mischung aus Quechua und Spanisch, und Moises übersetzte:

»Was die Leute hier glauben, ist wahr. Vor fünf Jahren stand das Wasser einmal sehr hoch, und die Delfine schwammen unter den Häusern herum. Junge Mädchen durften ihre Kleider nicht mehr im Fluss waschen. Denn die männlichen Delfine lieben die Mädchen – und das kann gefährlich sein. Sie möchten die Mädchen gern nach Encante mitnehmen. Und die weiblichen Delfine holen gern junge Männer.«

Letztes Jahr, erzählte Juan, war ein Delfin zu seiner Frau gekommen. Sie hatte menstruiert (nicht schlecht für eine Frau in den Sechzigern, dachte ich) und die schmutzige Wäsche draußen auf dem Floß liegen lassen. Dadurch wurde ein Delfin angelockt. Am nächsten Tag fühlte die Frau einen Schmerz im Bauch. Der Schmerz kam von einem unsichtbaren Pfeil, den der Delfin aus seinem Nasenloch abgeschossen hatte. Deshalb müsse man vorsichtig sein, wenn man den Atem des Bufeo höre, sagte Juan; seine Pfeile hätten mehr Kraft als die aus einem Blasrohr. Um diese Pfeile wieder zu entfernen, braucht man einen speziellen Schamanen, einen *curandeiro*. Im Laufe einer umständlichen Zeremonie muss er den Pfeil mit dem Mund aus dem Fleisch saugen und ihn dann ausspucken. Einige Delfine haben den Geist eines Zauberers in sich und nur ein Schamane kann ihre Kräfte zunichtemachen.

»Was sind das für Kräfte?«, fragte ich, woraufhin Juan die Geschichte seiner Patin Cecelia erzählte:

Sie lebte in dem nahen Dorf Esperanza. Ihr Mann ging fort, um sich als Waldarbeiter zu verdingen. Da bleiben die Männer oft jahrelang aus. Aber Cecelias Mann kam unerwartet früh zurück. Er brachte ihr jeden Tag köstliche Fische, und jede Nacht liebte er sie leidenschaftlich. Aber wenn sie am Morgen erwachte, war er verschwunden.

So ging das ein Jahr lang. Dann kam Cecelias Mann eines Tages heim und brachte keinen Fisch, sondern Fleisch. Warum? Weil er nie Fisch gebracht hatte – er war ein ganzes Jahr weg gewesen!

Als Cecelia das begriff, wurde sie blass und krank. Sie wollte keine Liebe mehr und wanderte umher wie in Trance. Schließlich suchte ihr Mann Hilfe bei einem Schamanen.

Der Schamane versetzte sich in Trance und besuchte Encante. Dort erfuhr er, was geschehen war: Als der Mann fortgegangen war, hatte sich ein Delfin in Cecelia verliebt. Und weil er wusste, dass sie sich keinen Liebhaber nehmen würde, hatte er sich in das Ebenbild ihres Mannes verwandelt und mithilfe dieser Tarnung jede Nacht ihre Liebe genossen. Aber das war noch nicht alles: Der Delfin hatte ein Kind gezeugt, das nun in Cecelias Leib heranwuchs.

Im Wald wächst eine Schlingpflanze mit Namen Tumbo, die sich ringelt wie eine Nabelschnur. Aus dieser Pflanze kochen die Frauen einen Sud, wenn sie abtreiben möchten. Cecelia trank davon und der Fötus ging ab. »Er hatte ein Loch oben auf dem Kopf«, sagte Juan, »das Nasenloch eines Delfins.«

Ich hatte Informationen über ein Tier gesucht und Märchen über ein Fabelwesen zu hören bekommen. Ich hatte noch keine brauchbaren Daten über die Bewegungen der Delfine im Wasser, aber ich war ihnen bereits in Bereiche gefolgt, an die ich vorher gar nicht gedacht hätte – hoch in die

Krone eines Baumes, in schwarzes Wasser, in die Spiegelwelt des überfluteten Waldes, in die Mythenwelt der Menschen am Fluss. Ich war dem Rätsel der rosa Delfine noch keinen Schritt nähergekommen. Ich fühlte mich, als wäre ich wieder hoch oben im Machimango-Baum, als hinge ich zwischen Himmel und Erde und starrte auf die glänzende Wasseroberfläche, die alle Blicke abweist und das Geheimnis von Encante hütet.

Aber um keinen Preis hätte ich das Unternehmen jetzt aufgegeben. Ich stand unter einem Zauberbann, den ich nicht lösen konnte.

Ein Kampf auf Leben und Tod

Allmählich hatte sich eine Morgenroutine ergeben: Erst schüttelten Dianne und ich unsere Schuhe aus, was jedes Mal riesige Kakerlaken ans Tageslicht beförderte, dann gingen wir ins Esszimmer und überprüften den Aufenthalt der verschiedenen Tiere im Camp. »Wo ist die Tarantel?« Am Vorabend hatten wir zuletzt gesehen, dass sie sich auf der Veranda in Richtung unseres Zimmers bewegte, was Dianne extrem beunruhigte. (Frage: »Was gibt es Schlimmeres, als eine Tarantel im Zimmer zu finden?« Antwort: »Nichts auf der Welt.« »O doch – sie nicht zu finden.« Haha!)

»Wo ist die Vampirfledermaus?« Steve hatte sie mit seinen erstaunlich flinken Händen in Jerrys Zimmer gefangen und jetzt flog sie im Esszimmer herum. »Wo ist der Geißelskorpion?« Das ist eigentlich gar kein Skorpion, sondern eine Spinne, halb so groß wie eine Tarantel, mit über zwanzig Zentimeter langen Fühlern und haarigen Armen, die die Beute ergreifen. »Ich mag diesen Geißelskorpion überhaupt nicht«, hatte Dianne bemerkt. Aber Steve hatte ihn im Esszimmer freigelassen und nun konnte er überall sein.

»Wo ist die Giftraupe?« Steve hatte sie mit einem Stöckchen von dem Blatt, das sie gerade fraß, in einen kleinen Plastikbehälter geschubst. Diese Raupe hat lange gelbe Haare und weiße Streifen und ihr Gift ist so wirksam wie das einer Klapperschlange. Steve hatte sie in eine Dose eingesperrt, auf der *PELIGROSO* stand, aber irgendwie war sie entwischt.

Jedes Lebewesen hier hat Feinde und jedes hat irgendeine Waffe. Fressen und gefressen werden – darum geht es ständig. Sogar die großen Taranteln, die Vögel jagen, müssen sich fürchten, und zwar vor der weiblichen Tarantelwespe, die zwölf Zentimeter lang und dunkelrot ist. Sie verfolgt diese großen haarigen Spinnen, lähmt sie mit dem Giftstachel und legt ihre Eier in ihr Fleisch. Wenn die Larven aus dem Ei schlüpfen, ernähren sie sich vom Fleisch der noch lebenden Spinne, und wenn sie groß genug sind, fressen sie sich durch ins Freie.

Jeden Abend kamen wir mit dem Kanu an einem hohlen Baumstumpf vorbei, der nahe bei unserer Lodge aus dem Wasser stand wie der Kamin eines versunkenen Hauses. In diesem Baumstumpf lebte eine Tarantel, die wir immer bei der Jagd beobachteten. Eines Abends raste sie außen um den Baum und Moises lenkte das Boot auf die andere Seite, um zu sehen, was sie fangen wollte. Es war eine zweieinhalb Zentimeter lange, orangefarbige Mordwanze, die diesen Namen ihrer tödlichen Jagdwaffe verdankt – einem Rüssel, mit dem sie ihrem Opfer Gift einspritzt. Die Mordwanze hatte eben ein großes Insekt aufgespießt, und in ihrer Eile, der Tarantel zu entfliehen, hastete sie mitsamt dem Insekt auf ihrem Giftspieß davon.

Für derlei kleine Dramen konnte sich Steve richtig begeistern. Er besaß in Florida, in der Nähe von Orlando, ein Haus, das unserer Lodge ziemlich ähnlich war und auf Stelzen über einem Sumpf stand. Dort hatte er eine beeindruckende Kollektion stechender, beißender, giftiger, räuberischer Tiere zusammengetragen. Außer Schlangen und Skorpionen hatte er eine sechzig Zentimeter lange Tegu-Eidechse mit einer blauen Zunge, die, wie er sagte, »mich gar zu gern umbringen würde«. Das einzige Tier in seiner Menagerie, das er wirklich liebte, war sein Skunk. Er hatte ihn gekauft, weil er sich vor Spinnen fürchtete und Skunks Spinnen fressen. Aber mit der Zeit hatte Steve sich mit der gleichen Disziplin, die er für seine Kampfsportarten brauchte, dazu durchgerungen, die Grausamkeit der Spinnen zu bewundern.

Er lernte, die Schönheit in der Gewalttätigkeit der Natur zu sehen. Und deshalb liebte er den Regenwald.

Dianne und mir ging es genauso. Freilich waren wir nur Zuschauer bei diesem ewigen Kampf auf Leben und Tod; obwohl wir umgeben waren von beißenden und stechenden Lebewesen, von Pflanzen mit giftigen Dornen, von Fischen mit scharfen Zähnen und giftigen Stacheln, konnten wir uns doch einigermaßen sicher fühlen. Meine blasse Haut war zwar übel verbrannt und selbst bei Dianne ging die Haut auf der Nase ab; wir hatten so viele Insektenstiche, dass wir uns stundenlang mit Kratzen amüsieren konnten – das war eine Art Zeitvertreib, wie fernsehen. Aber davon einmal abgesehen, war uns noch nichts Schlimmeres zugestoßen.

Und obwohl wir immer noch nicht einzelne Exemplare unterscheiden konnten, machten wir doch Fortschritte bei der Beobachtung der Delfine. Eines Morgens fanden wir eine Menge Delfine im Charro-See, etwa ein Dutzend Bufeos und genauso viele Tucuxis. In einer einzigen Stunde konnten wir 160 Male das Auftauchen eines Tieres registrieren. Zwei Bufeos schwammen sogar in seichtes Wasser, um näher an uns heranzukommen. Später bemerkten wir, dass sie auch an Stellen schwammen, wo das Wasser nur knapp über einen Meter tief und außerdem von Ästen kreuz und quer verstopft war. Wir hatten gelesen, dass die Bufeos normalerweise die Tucuxis ignorieren, aber an diesem Morgen gaben sich die beiden Arten offensichtlich miteinander ab. Im Lauf einer halben Stunde sahen wir 15-mal Bufeos und Tucuxis ganz nahe beieinander und viermal tauchte ein Baby-Tucuxi direkt neben einem erwachsenen Bufeo auf, ein schmaler, kleiner grauer Kopf neben einem großen, rosafarbigen, gewölbten.

Einmal hob sich an diesem Tag ein rosa Kopf aus dem Wasser, einen Fisch quer im Maul. Der Delfin schüttelte den Fisch, wie ein Hund eine Socke schüttelt, mit der er spielt. Damit brach er ihm wahrscheinlich das Rückgrat und machte ihn wehrlos; dann rückte er ihn so zurecht, dass er ihn mit dem Kopf voran verschlingen konnte.

Wir hielten alle unsere Beobachtungen mit Zahl- und Zeitangaben fest und konnten so allmählich gewisse Verhaltensmuster erkennen. Die Bufeos waren im Durchschnitt etwa eine halbe Stunde (manchmal auch vierzig Minuten) lang besonders aktiv, dann folgten Ruhezeiten von etwa der gleichen Dauer. Am Morgen waren sie am aktivsten; mittags verschwanden sie oft, vielleicht zu den Flüssen.

Einmal glaubten wir, einen Bufeo schlafen zu sehen. Acht Minuten lang sahen wir ihn immer wieder, im Minutenabstand, an der gleichen flachen Stelle an die Oberfläche kommen und wieder sinken. Später lernten wir, dass die Bufeos tatsächlich gerne in seichtem Wasser schlafen, und zwar (zur Verwirrung der Aquariumsbesucher) oft in Rückenlage. Das erklärt vielleicht auch, warum so viele von den etwa hundert Bufeos, die zwischen 1950 und 1976 in Aquarien gebracht wurden, nach kurzer Zeit eingingen: Es gab dort keine seichten Stellen, wo sie leicht an die Oberfläche kommen konnten.

Diese Beobachtungen machten wir bei einem Ort namens Huasi, wo sich zwei Wasserwege kreuzten und wo Bufeos, Tucuxis und Menschen oft aufeinandertrafen. Das war, neben dem Charro-See, eines unserer ergiebigsten Beobachtungsgebiete. Praktisch jeden Tag sahen wir dort Delfine, und wir konnten die unterschiedlichen Jagdmethoden von Bufeos und Tucuxis klar erkennen: Die Tucuxis jagten immer in Gruppen, und sie schienen einander die Fische zuzutreiben, während die Bufeos ihrer Beute einzeln nachstellten.

Auch Kinder waren an dieser Stelle immer mit ihren Kanus unterwegs, denn dort stand ihre Pfahlbauschule, aus der ständig Lärm drang. Manche hatten kleine Kaimane bei sich, die sie wie Puppen behandelten. Einmal hörten wir ein kleines Mädchen rufen: »*Vamonos a ver los gringos!*« Wir wollen uns die Gringos anschauen! Sie kam mit ihrer Freundin angepaddelt, und die beiden starrten uns eine halbe Stunde neugierig an, während wir unsere Listen ausfüllten. Gegenüber der Schule versammelten sich ein paar Leute am Ufer einer Insel, wo der *colectivo*, der Wasserbus, seine Haltestelle hatte. Als das Boot anlegte, konnten wir wieder einen deutlichen Unterschied im Verhalten der Delfine beobachten: Mehrere Bufeos kamen interessiert näher, die Tucuxis aber hielten sich fern. Und als es wieder abfuhr, amüsierten sich die Bufeos in den Bugwellen und bliesen laut.

Nach jedem Ausflug kamen wir mit einem dicken Stapel Papier, auf dem wir alle Beobachtungen festgehalten hatten, zurück zu Pauls gepflegter Lodge und fühlten uns dort wie zu Hause. Mit gutem Essen, bequemen Betten, Duschen, deren Wasser aus dem Fluss gepumpt wurde, und aufmerksamem Personal, mit dem wir uns angefreundet hatten, war diese Lodge ein Hort der Behaglichkeit und Sicherheit. Wir wiegten uns in dem Glauben, dass hier nichts Schlimmes, Sinnloses oder Schreckliches passieren könne.

Bis wir nach einer Woche plötzlich feststellten, dass wir uns geirrt hatten.

An diesem regnerischen Morgen waren wir unterwegs zum Charro-See. Wir begegneten der *Francis Antonio*, dem Colectivo, der dreimal die Woche von San Pedro nach Iquitos fährt. Es war erst Viertel nach sechs am Morgen, aber auf dem Dach des Bootes türmten sich bereits Bretter, Bündel von Palmwedeln und Säcke mit Holzkohle. Am Heck hing ein geschlachtetes Pekari, daneben hockten drei Hähne, deren goldgrünes Gefieder im Regen glänzte. Die Hähne würden heute noch Bekanntschaft mit dem Grill machen, vermutete ich.

Mir taten die Kaimane leid, die Hähne und das Pekari. Aber die Menschen spielten schließlich auch ihre Rolle in dem immerwährenden Drama von Jagen und Töten und hatten nicht mehr Schuld als Taranteln oder Jaguare.

An diesem Tag begegneten wir allerdings zur Abwechslung der verkörperten Unschuld. In der dornenbewehrten Krone einer Mimose, die sich nur einen halben Meter über das Wasser erhob, sahen wir plötzlich direkt vor unseren Augen ein schalenförmiges Nest, kaum größer als das eines Kolibris. Im gleichen Moment, in dem Moises uns darauf hinwies, stieß unser Kanu an den Baum, und das einzelne, gefleckte, winzige Ei fiel ins Boot.

Wir hörten ängstliche Schreie aus der Nähe. Wir konnten nicht sehen, von wem sie stammten, aber sicher waren es die Eltern des Eies. Sie hatten gesehen, was passiert war, und waren verzweifelt.

Dianne hob das Ei auf, welches auf wundersame Weise heil geblieben war. Als wir es in seine Wiege zurücklegten, sahen wir auch die Eltern: zwei fette kleine Ameisenvögel mit feinen weißen Streifen im dunklen Gefieder. Ein paar Meter entfernt hüpften sie aufgeregt schreiend in den Zweigen eines Busches herum, zu dem sie bei unserer Annäherung geflohen waren.

Später kamen wir an dem großen, mit Blättern gepolsterten gemeinsamen Nest des großen Ani vorbei. Anis oder Madenfresser sind schwarze Vögel mit dicken Schnäbeln und vorstehenden weißen Augen. Beim Nestbau arbeiten fünf oder sechs Erwachsene zusammen. Mehrere Weibchen legen ihre Eier in dieses Nest und brüten gemeinsam. Als wir vorbeikamen, zeterten die Jungen, und die Männchen wippten drohend mit dem Schwanz.

Es regnete so heftig, dass wir die Delfine nicht beobachten konnten, deshalb kehrten wir zur Lodge zurück. Wir erwarteten Marios Mutter. Als wir sie in San Pedro besuchten, hatte Ilda versprochen, uns zu zeigen, wie man webt. Sie sollte gleich nach dem Mittagessen kommen. Dianne, Steve, Jerry und ich untersuchten derweilen die zusammengewürfelte Bibliothek der Lodge, in der sich allerhand ausgefallene Lektüre befand. Ich erwischte: *Wenn es keinen Arzt gibt*, ein Ratgeberbuch, das ein Mitarbeiter des Gesundheitsdienstes im ländlichen Mexiko verfasst hatte. Aus diesem Buch erfuhr ich, dass man Lepra nicht mit einem Trank aus verwesten Schlangen heilen kann und die Syphilis nicht dadurch, dass man einen Geier isst. Wenn man einen Kropf heilen wolle, so riet das Buch, sich nicht einen Krebs an den Hals zu binden und die Schwellung nicht mit dem Gehirn eines Geiers oder mit menschlichen Exkrementen zu beschmieren; es helfe auch nicht, wenn man den Kropf mit der Hand eines toten Kindes reibe. Man lernt doch nie aus.

Mittags goss es immer noch wie aus Kübeln. Marios Mutter war noch nicht da, aber sie lebte schließlich nicht nach der Uhr, und wir dachten, sie würde schon noch kommen. Moises und Mario fuhren schließlich mit dem Kanu nach San Pedro, um zu sehen, was los war.

Inzwischen zeigte uns Jerry Übungen, mit denen man sein Chi, die Lebensenergie, steigern kann. Man muss ganz gerade sitzen, die Knie flach nach außen – das ist viel schwieriger, als man denkt.

Um halb drei kam Moises zurück, ohne Ilda. Mit einem scheuen Lächeln sagte er: »Kein Glück heute.« Wir dachten, Marios Mutter hätte vielleicht den Tag verwechselt oder müsse etwas Dringendes erledigen. Aber nein: Marios Sohn, der noch am Vortag so lieb mit dem Wollaffen gespielt hatte, der uns für ein paar Bonbons sein bezauberndes Lächeln geschenkt hatte, war am Morgen ins Wasser gefallen und ertrunken.

Er war von dem Floß gefallen, das mit dem Haus verbunden war, und die Strömung hatte ihn fortgerissen.

Mario, erzählte Moises, war zusammen mit den anderen Männern aus dem Dorf in Kanus unterwegs, um die Leiche zu suchen. Manchmal findet man die Ertrunkenen nie wieder; es heißt, dass der Bufeo sie nach Encante mitnimmt. Es ist tatsächlich durchaus möglich, dass die Delfine Leichen fressen, denn sie verschmähen kaum etwas. Wenn das Wasser hoch steht, sagte Moises, sind die Chancen besser, einen Ertrunkenen zu finden, denn in dieser Zeit der Fülle gibt es genug anderes Futter.

Als Moises verstummte, stürzte der Regen mit erneuter Kraft herab. Ein weiblicher Regen, dachten wir, der den ganzen Tag lang weinen kann.

Steve und ich saßen da wie gelähmt. Dianne ging hinaus und weinte, dann kam sie zurück, rauchte und starrte ins Leere. Ich sagte immer wieder ganz mechanisch: »Ich kann es nicht glauben. Ich kann es nicht glauben.« Wir waren hilflos in unserer Trauer, unserem Schrecken, unserem Schuldbewusstsein. Wir hatten die Gefährlichkeit des Urwalds wie ein Schauspiel bewundert und nicht daran gedacht, dass der Fluss einen von uns verschlingen könnte.

Moises setzte sich zu uns, um uns eine Geschichte zu erzählen. Er war wie ein Vater, der seine verängstigten Kinder beruhigen will. Seine Stimme war leise, und er zeichnete, während er sprach. Was er erzählte, war wieder eine Variante der alten, ewig neuen Geschichte von der Liebe eines Delfins zu einem Mädchen.

Abschließend pries er das Leben in Encante.

»Die Schamanen sagen, das Leben im Wasser sei genauso wie hier oben bei uns, nur besser«, sagte er. Ein Schamane in Iquitos hatte ihm beispielsweise erzählt, dass es unter Wasser mehr Krankenhäuser gebe. Außerdem gebe es in Encante keine Epidemien – keine Malaria, keine Cholera.

Die Leute lebten dort länger. Trotzdem sei es auch dort nicht ungefährlich. Der Schamane erzählte Moises die Geschichte eines jungen Mannes, der unter Wasser lebte:

Eines Tages verschwand an der Einmündung des Napo das Boot eines jungen Mannes, und seine Familie war verzweifelt. Aber wenig später erschien der junge Mann seiner Mutter im Traum. »Mir geht es gut«, sagte er. »Ich bin mit einer wunderschönen Prinzessin verheiratet. Ich lebe unter Wasser, und es ist schön dort. Aber sag meiner Schwester, sie soll ihre Kleider nicht im Fluss waschen, sonst kommen die Delfine und holen sie.«

Zwanzig Jahre lang lebte er so und war glücklich. Aber eines Tages sagte er seiner Frau, der Prinzessin, er wolle gern Mutter und Schwester an Land besuchen. »Ich gebe dir einen Stein mit«, sagte seine Frau. »Er ist dein Leben. Du darfst ihn nicht verlieren.« Also besuchte der junge Mann die Menschenwelt. Als seine Mutter am Fluss Wasser holte, sah sie ihn mit seinem Kanu kommen. Sie umarmte ihn und weinte vor Freude.

Er trug den Stein immer bei sich, und wenn er im Fluss schwamm, konnte er seine Frau berühren. Aber eines Nachts gab es ein großes Fest im Dorf, mit Masato und Schnaps, und er verlor den Stein. Am nächsten Morgen fand ihn seine Mutter tot in der Hängematte. Sein Haar war weiß geworden wie das eines alten Mannes.

Als die Geschichte zu Ende war, saßen wir noch eine Weile im Schein der Lampe zusammen und dachten an den Tod.

Plötzlich ertönten Schreckensschreie aus der Richtung der Duschen. Ohne an meine Taschenlampe zu denken, rannte ich los. Erst unterwegs kam mir zu Bewusstsein, dass ich im Dunkeln auf eine unsichtbare Gefahr zulief. Ich fand Gladys im Badezimmer, auf dem Boden zusammengekauert und immer noch hysterisch schreiend. *»Onde fica perigo?«*, fragte ich in meinem bescheidenen Portugiesisch. Wo ist die Gefahr? In Peru spricht man allerdings Spanisch, was ich in der Eile nicht bedachte. Unter Schluchzern antwortete Gladys trotzdem: *»Serpiente!«* Die hier passende Frage fiel mir nur auf Bengali ein: *»Shap kothai?«* Wo ist die Schlange? Und auf Englisch fragte ich weiter: *»Did it bite you?«* Die Szene hatte etwas Slapstickmäßiges. Ich bin schon zu normalen Zeiten kein Sprachgenie und in Momenten der Gefahr können meine sprachlichen Beiträge die Verwirrung nur steigern.

Dianne und Steve tauchten aus dem Dunkel auf, und im Nu hatte Steve mit blitzschnellem Griff die Schlange gefangen. Er hielt ihren Kopf zwischen Daumen und Zeigefinger fest. Es war eine fast meterlange Baumboa, die mit ihrem dreieckigen Kopf wie eine giftige Viper aussieht, aber harmlos ist. Steve gab sie mir und sie wand ihren schönen Körper um meinen Arm.

Es fühlte sich wie eine Liebkosung an. Ich war der Schlange unendlich dankbar, dass sie Gladys nicht gebissen hatte, dass sie nicht giftig war, dass ich sie ohne Furcht berühren und ihre Schönheit bewundern konnte. Ich liebte sie geradezu für ihre Harmlosigkeit, nachdem der Fluss eben erst seine ganze Grausamkeit gezeigt hatte, indem er Marios Sohn verschlang.

Wir ließen die Boa auf den Stufen zum Deck frei, wo sie sich für die Nacht häuslich einrichten konnte.

Nach dem Abendessen brachte Moises Neuigkeiten: Der Leichnam des kleinen Jungen war gefunden worden und die Leute aus dem Dorf würden sich im Lauf des Abends in Marios Haus versammeln. Auch wir waren eingeladen.

Dianne fand, wir sollten nicht hingehen. Sie und ihr Mann hatten selbst ihren kleinen Sohn verloren. Damals wollte sie keinen Menschen sehen. Es war ihr unangenehm, wenn sie Leute anlächeln musste, die Sachen sagten wie: »Ich weiß, was du fühlst«, obwohl sie keine Ahnung hatten, oder: »Die Zeit heilt alle Wunden«, obwohl es undenkbar war, dass dieser herzzerreißende Schmerz je ganz vergehen würde. Was hätte Marios Familie davon, wenn ein Haufen reicher Touristen das tote Kind angafften?

Ich gab zu bedenken, dass Marios Familie vielleicht gekränkt wäre, wenn wir nicht kämen. Schließlich fragte ich Moises nach seiner Meinung. Die Familie würde unsere Anwesenheit als eine Ehre betrachten, sagte Moises mit seiner sanften Stimme.

Als wir ankamen, waren schon eine Menge Kanus ringsherum angebunden. Unser Boot war das einzige, das einen Motor besaß. Fünf Männer saßen auf dem Deck vor dem Haus auf einem umgekehrten Kanu und rauchten. Juan, der Großvater des Jungen, reichte uns die Hand und begrüßte uns lächelnd mit *»Buenas noches«*. Nach ein paar Minuten des Schweigens stiegen wir die Stufen hinauf und betraten das Haus.

Drinnen waren etwa fünfzig Menschen versammelt. Im flackernden Licht der Lampe sahen wir in einer Ecke ein paar Männer um Zigaretten würfeln. Die Frauen saßen auf Bänken an einer Wand und schaukelten kleine Kinder in zwei Hängematten, während andere Kinder wie junge Hunde zu ihren Füßen auf dem Boden schliefen. Es sah wie eine Party aus, nur dass die Trommel mit dem Pekarifell nicht aus den Sparren geholt wurde und niemand tanzte. Aber es weinte auch niemand; im Gegenteil, die Leute scherzten und erzählten Geschichten. Alle, einschließlich der paar Kinder, die noch wach waren, tranken Masato, ein Bier aus Maniokknollen. Die Frauen kauen den Maniok und spucken ihn in einen Krug, wo er gärt. Wenn es sich um eine richtig große Party handelt, wird der Masato in einem Einbaum zubereitet. Großvater Juan bot mit freundlichem Lächeln ringsum Zigaretten an, wie eine Gastgeberin, die bei einer Party Kanapees herumreicht.

Mitten im Raum lag Marios toter Sohn auf einem Tisch, in ein weißes Leintuch gewickelt und mit roten Plastikblumen geschmückt. Am Kopfende des Tisches stand ein Kruzifix, am Fußende brannten zwei Kerzen. Gelegentlich drang Schleim aus seiner Nase und seine ältere Schwester, vielleicht fünf Jahre alt, wischte ihn mit einem Taschentuch weg, wie sie es wohl schon Hunderte Male getan hatte, als der Junge noch am Leben war.

Dann erschien auch Mario, mit einem Handtuch um den Hals, gefolgt von einem Freund in einem T-Shirt, das empfahl: *DO THE RIGHT THING.* »We're so sorry, Mario«, sagten wir und gaben ihm die Hand. Mario lächelte uns an mit seinem bezaubernden, goldschimmernden Lächeln. Er freute sich, dass wir gekommen waren.

Dann wandte er sich seinem Sohn auf dem Tisch zu und maß ihn mit einem Maßband. Und schon bald hörten wir, dass draußen gesägt wurde. Sie machten den Sarg.

Wir setzten uns auf eine Bank und schauten uns im Raum um. Fast jede Frau im gebärfähigen Alter war sichtlich schwanger, sogar eine grauhaarige Großmutter, die schwer an ihrem Bauch trug. »Stell dir bloß vor, in diesem Alter noch ein Kind zu bekommen«, sagte ich. »Ich würde mich erschießen«, antwortete Dianne. Dabei wuchs doch die Abtreibungs-Schlingpflanze überall. Aber wahrscheinlich zeigte sich da der Einfluss der christlichen Kirchen, dachte ich mit einem Blick auf das Kruzifix.

Ich hätte gern gewusst, wie sich diese schwangeren Frauen an der Bahre eines Kindes fühlten. Meine Freundinnen zu Hause wären in so einem Fall verlegen und würden ihre offensichtliche Fruchtbarkeit als Affront gegenüber den beraubten Eltern empfinden. Ich erinnerte mich, dass eine meiner Freundinnen, die gerade einen gesunden Sohn geboren hatte, einer Bekannten gegenüber, die ein leicht behindertes Mädchen bekam, befangen war. Eine andere Freundin konnte mit einer unfruchtbaren Bekannten nicht über ihre Schwangerschaft reden. Die beiden Glücklichen fühlten sich irgendwie schuldbewusst. Bei den Leuten hier ist das anders. Im Amazonasgebiet ist der Tod nichts Fremdes; er ist ein Gefährte, mit dem man täglich umgeht – nicht ohne Angst, nicht ohne Trauer, aber mit Gelassenheit und Würde.

Die meisten Besucher würden die ganze Nacht bei der Familie bleiben. Ein paar würden schlafen, ein paar Karten spielen; sie würden rauchen, Masato trinken und Geschichten erzählen. Ihre Anwesenheit war ein Geschenk an die Familie, ein Zeichen, dass die Trauernden nicht allein waren. Gegen den Tod konnten sie nichts tun, aber gegen die Einsamkeit.

Und alle brachten etwas zu essen mit. Nahrung ist Leben. Einer brachte ein Huhn. Kurz bevor wir gingen, sahen wir Mario mit dem Huhn in der einen Hand und einem Kochtopf in der anderen in Richtung Küche verschwinden. Und dann verstummte das verzweifelte Gackern des Huhns ganz plötzlich.

Die Seele des Amazonas

Auf dem spiegelglatten Wasser des Charro-Sees warten wir auf den Mond.

Eine Fledermaus schießt vorbei, nur ein fliegender Schatten. Man hört die quakenden, klickenden und schnalzenden Rufe der Frösche. Im Süden zucken ferne Blitze über den Himmel. Aber der Mond verbirgt sich hinter mächtigen dunklen Regenwolken. Wir warten.

In den Mythen Amazoniens ist der Mond ein Frauenverführer; er macht die Frauen bereit zur nächtlichen Liebe und regelt den Zyklus der Menstruation und aller Fruchtbarkeit. Bei Mondlicht, so glauben die Shipibo, wirkt der Zauber der Delfine besonders stark auf die Frauen. Der Mond ist die Sonne der Unterwelt; er reist durch die Welt der Dunkelheit und erhellt das Zauberreich Encante. Und uns soll er heute Nacht die Delfine zeigen. Deshalb sitzen Dianne und ich hier in unserem Kanu, begleitet von Moises und Gabriella, Jerry und Steve.

Um 18.40 Uhr schimmert ein bisschen Licht durch die Wolken und wird allmählich stärker. Wir warten.

Nachtgeräusche umgeben uns von allen Seiten: Pfiffe, Röhren, Geknarze, Schreie; der Wald rauscht und seufzt. Es klingt wie die Musik zu einem Traum. Und um 19.04 Uhr hören wir den ersten Atemzug: »Tschaaahhh!« Eine Minute später den zweiten.

Nach einer weiteren Minute steigen rings um uns kleine Bläschen auf – vor uns, hinter uns und zu beiden Seiten. Das ist der Atem, den die Delfine ausstoßen, diesmal direkt bei uns.

Ich höre mit den Aufzeichnungen auf. »Ich traue meinen Augen nicht«, sage ich.

»Es ist unglaublich, aber wahr«, antwortet Dianne. Ich tauche die Hand ins Wasser und fühle, wie die Bläschen auf der Haut prickeln, zart wie eine Liebkosung. Es kommt mir so unwirklich vor wie der Kuss eines Geistes, aber es dauert an: Vier Minuten lang berühren wir das Unberührbare und sehen das Unsichtbare, während die Delfine unser Kanu mit ihrem Atem streicheln.

Die tiefere Bedeutung des Atems ist uns modernen Menschen längst nicht mehr vertraut; früher wusste die Menschheit hingegen gut über die magischen Zusammenhänge Bescheid. Das griechische Wort *psyche* bedeutet nicht nur »Seele« oder »Geist«, sondern auch »Atem«, »Lebensluft«, ja »Leben« selbst. Die gleiche Bedeutungsvielfalt hat das lateinische Wort *spiritus*. In der Schöpfungsgeschichte der Bibel ist die Rede von allem, »was sich auf der Erde regt, was Lebensatem in sich hat«. Dieser Lebensatem, das große Geheimnis der Schöpfung, wird hier vor meinen staunenden Augen sichtbar – ich kann ihn auf der Haut spüren.

Die Navajos glauben, dass die Wirbelmuster an unseren Fingerspitzen Spuren sind, die der Leben spendende Wind hinterlassen hat. Die Windwirbel an den Zehen halten uns auf der Erde fest, die an den Fingern binden uns an den Himmel. Das ist der Grund, warum wir beim Gehen nicht fallen. Der Lebensatem verankert uns im Leben.

Die Bläschen verschwinden. 17 Minuten lang noch können wir im Mondlicht immer wieder die glänzenden rosa Köpfe aus dem Wasser hochkommen sehen. Aber noch mehr beeindrucken uns die Geräusche: ein lautes Blasen, ein Schlag mit der Schwanzflosse, ein Seufzen, Keuchen und

Schnaufen – eine Symphonie von Atemzügen. Dann werden die Geräusche schwächer, die Delfine entfernen sich.

Beim Heimfahren sagt Gabriella, die in einem Dorf am Fluss aufgewachsen ist, sie könne manchmal bei Mondschein kleine Sterne sehen, die sich bewegen. »Da ist einer«, ruft sie und deutet zum Himmel. Ich erkläre ihr, dass das ein Satellit ist, aber meine Erklärung kommt mir ziemlich töricht vor.

Ich sehe meinen inneren Jaguar

»Heute Nacht hat es nicht geregnet.«

Das erste Thema am Morgen war für Dianne und mich immer der Regen: wann er angefangen und wie lang er gedauert hatte und welche Auswirkungen das auf unsere Delfinbeobachtungen haben könnte. Der Regen war gewissermaßen der Dritte in unserem Bunde und seine Aktivitäten waren genauso wichtig wie unsere. Seit der Totenwache in San Pedro waren viele Tage vergangen und fast an jedem hatte es geregnet. Aber nun hatte es schon 24 Stunden keinen Regen mehr gegeben, und er fehlte mir. Ich hatte ihn sogar im Schlaf vermisst; meine Träume waren trocken und fremdartig gewesen – wie eine Geige ohne Saiten.

»Das Wasser fällt«, bemerkte Moises beim Frühstück. Es war beim Camp schon um fünf Zentimeter zurückgegangen. Die Fische, sagte Moises, würden zum Amazonas schwimmen und die Delfine würden ihnen folgen.

Also bahnten wir uns unter den üblichen Warnschreien »Dornen! Ast! Ameisen!« mit dem Kanu den Weg nordwärts zu einem der Kanäle, die zum Amazonas führen. Er war schlammbraun und breit wie ein See. Aber so lang wir auch warteten, wir sahen keine Delfine.

An diesem Abend sollte Ricardo, der Schamane der Gegend, in die Lodge kommen. Ricardo ist 62, ein magerer, bescheidener Mann mit einem breiten Lächeln, einem kurzen Schnurrbart und einem bösen Husten. Dianne und ich hatten ihn bald nach unserer Ankunft in Peru in einem Holzfällercamp namens Ramirez in der Nähe der Lodge kennengelernt. Während Dianne mit einem gefangenen Äffchen spielte, sprach ich mit ihm über die Delfingeister. Moises übersetzte.

Ricardo war wirklich gutwillig, und Moises plagte sich sehr, aber es war eines der schwierigsten Interviews, das ich je geführt habe. Zum einen bin ich leicht schwerhörig; das kommt vom Lärm der vielen alten Bootsmotoren. Zum anderen spricht Moises sehr leise, sodass ich es oft gar nicht merkte, wenn er vom Spanischen ins Englische wechselte. Und schließlich brachte er an diesem Tag in seinem Englisch alles durcheinander. Er verwechselte *man* und *woman*, *he* und *she*, *week* und *month* – und ließ obendrein eine Menge Wörter aus. Manchmal bat ich ihn, ein Wort, das ich nicht verstanden hatte, zu buchstabieren, aber das machte die Sache noch schlimmer, denn Buchstabieren war ganz offensichtlich keine seiner Stärken.

Zu allem Überfluss litten wir unter den hartnäckigen Angriffen einer ganzen Armee von Pferdebremsen, und bei jedem Stich schlugen wir uns klatschend auf die betroffene Stelle, was Ricardo beim Erzählen störte. Schließlich und endlich wurden Ricardo und ich von Hustenanfällen geplagt. (»Dschungel-Husten – dauert nicht länger als einen Monat«, hatte Moises mir versichert.)

Als Dianne und ich später das Band mit dem Interview abspielten, lachten wir uns schlapp: Jeder englischen Frage von mir folgte ein längeres Gemurmel auf Spanisch und Quechua, untermischt mit heftigem Klatschen, Flüchen in drei Sprachen und gelegentlichen Hustenduetten. Aber ich konnte mir zusammenreimen, wie Ricardo vor 25 Jahren die Zauberkräfte der Delfine erworben hatte.

Er war damals in der Ausbildung zum Schamanen und hatte schon die Geheimnisse vieler Pflanzen erkannt. Eines Nachts fischte er im Amazonas und hörte eine Stimme aus dem dunklen Wald, die ihn rief. Er folgte der Stimme und kam zu einer großen, blassen Frau mit langen blonden Haaren. Sie gingen zusammen am Ufer entlang, und er erblickte einen Stein, der so hell leuchtete wie der Mond. Er hob ihn auf und sah, dass viele Delfine im Wasser sprangen. Dieses Licht, sagte die Frau, ist mein *encanto*, mein Zauber – die Kraft, die ich dir schenken will. Und sie verschwand.

Aber sie besuchte ihn in seinen Träumen. Gemeinsam folgten sie den Delfinen zu den großen Unterwasserstädten von Encante. Sie lehrte ihn die *icaros*, die Gebete, mit denen man die Delfine ruft. Sechs Monate lang folgten ihm die Delfine, bei Tag im Wasser, bei Nacht im Traum. Sie zeigten ihm ihre Zauberkräfte. Sie sind die Beschützer aller Tiere, die im Wasser leben – der Fische, der Kaimane, der Zitterrochen, der Boas.

Die Delfine lehrten Ricardo ihre Heilkunst, ihre Gebete und Lieder und brachten ihm auch den Huambisa-Dialekt bei. Solange er der Schüler der Delfine war, durfte er keine Landtiere jagen. Aber die Delfine brachten ihm Glück beim Fischen.

Den Encanto, den die schöne Frau ihm gab, habe er immer noch, sagte Ricardo. Wir wollten wissen, wo er ihn aufhob. Er habe ihn nicht im Haus, erklärte Moises; er bewahre ihn im Geist auf. Trotzdem möchten ihn viele Zauberer gerne stehlen; auch Welse und Alligatoren seien scharf darauf. Aber

die Delfine schützten ihn immer, er brauche nur ihre Geister zu rufen. Dazu muss er sich in Trance versetzen, wobei ihm ein sehr wirkungsvoller Trank namens Ayahuasca hilft, der aus zwei der heiligsten Pflanzen des Waldes gebraut wird, aus Toé und Ayahuasca.

Ayahuasca heißt auf Quechua »Wein für die Seele«. Viele Amazonasstämme verwenden diese halluzinogene Droge bei religiösen Zeremonien, um sich in Trance zu versetzen.

Auch Moises hatte schon dreimal Ayahuasca genommen – und hatte nicht vor, es noch einmal zu tun. »Zu viele Dinge kommen in meinen Kopf – schlimme Dinge, schreckliche Dinge.« Die Visionen können sehr erschreckend sein – einmal sah sich Moises von Vampir-Fledermäusen angegriffen. Fast jeder, der die Droge nimmt, erbricht sich vehement und die Übelkeit dauert auch noch an, wenn der Magen schon längst leer ist. Manche schreien vor Angst. Die meisten verlieren die Kontrolle über Blase und Darm. Aber bei den Schamanen sei das anders, erklärte Moises. Ricardo sei ein sehr starker Mann und nehme Ayahuasca mehrere Male im Monat. Er habe gelernt, die Droge bei sich zu behalten, denn wenn man sie erbreche, ziehe die Mutter des Weins sich zurück und weigere sich, den Weg zu den Geistern der Unterwasserwelt zu zeigen.

Ich hatte in Ramirez mit Ricardo ausgemacht, dass er uns an unserem letzten Abend in der Lodge besuchen und eine Zeremonie abhalten sollte. Mithilfe von Ayahuasca sollte er die Delfingeister bitten, zu uns zu kommen.

Die Zeremonie begann um halb neun. Diese Rituale werden üblicherweise immer in der Nacht durchgeführt, erklärte Ricardo, weil man mit den Geistern besser sprechen kann, wenn es weniger Lärm gibt. Wir saßen im Kreis auf dem Boden: ich links neben Ricardo, neben mir Dianne und neben ihr Moises. In der Mitte brannte eine Sturmlaterne.

Wenn die Lampe gelöscht wurde, sollten wir unsere Taschenlampen nicht einschalten und nicht mehr sprechen. Die Mutter des Weins würde sehr mächtige Geister anlocken, und wir sollten sie nicht stören.

Ricardo zündete seine Pfeife an. Sie war mit einer Art Weihrauch gefüllt. Er blies den honigsüßen Rauch über die kleine Blechtasse mit Ayahuasca, um das *icaro* in den Trank zu bringen, wie Moises erklärte. Dann nahm er drei große Schlucke.

Er nahm ein Büschel Blätter von der Shaka-Palme vom Tisch, blies mir den Rauch aus seiner Pfeife fest auf den Kopf – genau dorthin, wo ein Delfin sein Nasenloch hat – und schüttelte das Blattbündel über mir, was nicht nur Segen auf mich herabbrachte, sondern auch einen Schauer von Stechmücken, die sich in den Blättern aufgehalten hatten. Dianne und Moises wurden genauso behandelt. Dann löschte Ricardo die Lampe und begann, im Dunkeln zu pfeifen.

Erst war es eine einfache kleine Melodie; dann ging das Pfeifen in Gesang über. Die unverständlichen Worte wirkten beruhigend und süß wie der Weihrauch. Hinter meinen geschlossenen Lidern sah ich Raupen, dann Schmetterlinge, dann Blätter, dann Vögel. Freundliche Naturbilder. Wie sanft und liebenswürdig dieser Mann doch war, dachte ich, der uns in die Welt von Encante führte.

Ich verlor jegliches Zeitgefühl. Das Rascheln der Palmblätter erinnerte mich an Regen; zusammen mit dem hypnotisierenden Pfeifen und Singen hatte es eine einschläfernde

Wirkung. Schlaf, dachte ich, ist wie Wasser, und der Traum ist wie ein Fluss. Ich kratzte meine Insektenstiche, um wach zu bleiben. Ein nie gekannter Friede erfüllte mich.

Und plötzlich, Minuten oder Stunden später, tat sich etwas. Die Luft in dem geschlossenen, stickigen Raum wurde mit einem Mal frisch. Das Rascheln der Palmblätter klang wie Wassergeplätscher, und ich merkte, dass es zu regnen begonnen hatte. Während der Regen stärker und stärker wurde, begann Ricardo, in einer anderen Sprache zu sprechen. Ich nahm Diannes Hand in meine.

Blitz und Donner beendeten die Zeremonie. Wir schlichen hinaus, damit Ricardo sich ausruhen konnte. Moises erklärte uns, was geschehen war.

Ricardo hatte mit der Mutter des Weins gesprochen. Er hatte die Delfingeister getroffen, und sie waren bereit, mit uns zu sprechen.

»Sie wollen zu euch kommen«, übersetzte Moises. »Die Delfine wollen euch ihre Kraft lehren. Und wenn sie euch diese Kraft lehren, werden sie immer bei euch sein, auch in den Vereinigten Staaten, immer. Sie werden zu euch sprechen.«

Er versprach: »Heute Nacht werden sie im Traum zu euch sprechen. Ricardo wird morgen die Träume erklären. Drei Nächte lang werden die Delfine Träume schicken, und Ricardo wird euch sagen, was sie bedeuten.«

Es regnete die ganze Nacht. Als Dianne mich um sechs Uhr weckte, regnete es noch immer.

Sie hielt es für ein gutes Omen, dass die Mutter einen weiblichen Regen zu uns zwei Frauen schickte, die in die Geheimnisse der Delfine eindringen wollten.

Ich versuchte, mir meinen Traum ins Gedächtnis zu rufen und fand ihn ein bisschen enttäuschend – zu simpel und undeutlich, um eine Vision zu sein. Er ging folgendermaßen: Dianne, Moises, Mario und ich fuhren mit dem Kanu zu Ricardos Haus. Wir wollten ihm ein großes, eiförmiges Ding bringen. Es sah aus wie das schöne, hellgrüne Schneckenhaus, das wir am Vortag gefunden hatten. Ich überreichte es ihm, und er nahm es. Es wurde nicht gesprochen, und es kamen sonst keine Personen oder Dinge in diesem Traum vor.

Diannes Traum dagegen war dramatisch, lang, lebhaft und kompliziert. Das verdross mich, und ich konnte meine Eifersucht nur mühsam verbergen.

Ricardo war über Nacht in der Lodge geblieben und hatte versprochen, mit uns nach Huasi zu fahren, um Delfine zu beobachten und uns dabei unsere Träume zu deuten. In Huasi machte Mario das Boot fest, und Moises fragte zuerst mich nach meinem Traum. Er besprach ihn mit Ricardo und sagte dann: »In deinem Traum willst du den Delfingeist sehen, aber du erkennst ihn nicht. Er kann als ein Freund, als Mann oder Frau erscheinen. Im Traum können Dinge transformiert werden.«

Das Boot, in dem wir in meinem Traum fuhren, war das Boot des Delfins, erklärte er – das Boot, in dem er uns nach Encante bringen wollte. Und das große Ei? »Als Ricardo dir auf den Kopf blies, bat er die Mutter des Weins und den Delfingeist, dir etwas zu geben, was Macht hat – eine Granate, ein Gewehr, einen Speer, eine Machete. Das Ding im Boot ist das, was der Delfin dir geben will.«

Wenn wir auch Ayahuasca tränken, versprach uns Ricardo, würde der Delfingeist uns Schutz und große Kraft geben.

»Jaguare und Adler, große Dämonen und große Fledermäuse werden euch helfen und immer hinter euch stehen.«

Nun war Dianne dran mit ihrem Traum: »Ich hatte einen schönen jungen Liebhaber, aber auch ein alter Mann war in mich verliebt«, begann sie, und meine Stimmung sank. In Diannes Traum bewarben sich gleich zwei Männer um sie. Mir bescherte der Traum hingegen bloß ein Ei.

»Ich liebte den alten Mann nicht«, fuhr Dianne fort, »aber ich entschied mich für ihn.«

Dianne ging mit dem alten Mann in ein Juweliergeschäft, um einen Ehering auszusuchen. Der Juwelier zeigte ihr eine Menge Brillantringe. Der alte Mann drängte Dianne lächelnd, den größten Brillanten zu wählen, aber sie sagte, der kleinste genüge ihr vollkommen. Dann erschien Ricardo im Traum und brachte eine weitere Schachtel mit Brillantringen. Sie gingen ins Nebenzimmer, um die Ringe anzuschauen, und sahen, dass der Raum voll war mit Betten, auf denen tote Menschen lagen. Als Dianne einen Ring anprobierte, verwandelte er sich in gelbes Plastik mit einem grauen Gorilla darauf. Ricardo sagte ihr (immer noch im Traum), sie solle sich darum nicht bekümmern, sondern den Ring so lange tragen, bis ihr eigener Brillantring fertig sei.

Dann ging Dianne mit dem Mann hinaus. Vor dem Laden sahen sie schwarz gekleidete Leute stehen, die weinten und klagten. »Aber wir waren trotzdem glücklich«, sagte Dianne. »Und dann ging der alte Mann in den Urwald.«

Ricardo zeigte sich sehr angetan von dem Traum.

»Der schwarze junge Mann ist ein grauer Delfin«, womit er einen Tucuxi meinte, »und der große weiße Mann, der dir den Ring gibt, ist der rosa Delfin.« Diese Interpretation überraschte uns insofern, als in Diannes Traum der junge Mann nicht schwarz und der alte Mann nicht groß gewesen war. Aber in Moises' Übersetzung hatten offenbar beide eine gewisse Veränderung erfahren.

Ricardo fuhr fort: »Der Ring ist die Macht des Delfins. Das Gold bedeutet Glück. Eines Tages, wenn du krank wirst, wird die goldene Farbe dir helfen. Der Diamant ist dein Schutz. Glas bedeutet Glück für dich, ebenso klares Wasser.«

Er fuhr fort: »Das Zimmer, das der Delfin dir zeigt, ist seine Heimat. Die Betten sind Krankenhausbetten.« (In Encante gibt es sehr gute Krankenhäuser, hatte Moises sehr nachdrücklich erklärt.) Und die Trauernden? Auch die seien ein gutes Zeichen, sagte Ricardo – eigentlich seien sie betende Delfine, und sie freuten sich, Dianne zu sehen.

»Dein Traum ist sehr gut«, sagte er. »Alle Leute, die du gesehen hast, sind Delfine. Die Delfine möchten dir viele Dinge geben. Die Delfine haben in der vergangenen Nacht mehr an Dianne gedacht als an Sy.«

Ich kam mir wie die letzte Versagerin vor: Ich schaffte es nicht, den Delfinen im Wasser zu folgen, ich hatte sie auch von der Höhe des Baums herab nicht gesehen und nun entzogen sie sich mir sogar im Traum. Ich hatte so starke Minderwertigkeitsgefühle, dass ich von mir selbst überrascht war. Ich überlegte, ob das Malariamittel, das ich seit eineinhalb Monaten einnahm, mich vielleicht verrückt machte. Später erfuhr ich tatsächlich, dass das eine bekannte Nebenwirkung ist.

Moises, der Gute, hatte die Enttäuschung auf meinem Gesicht gesehen, denn er sagte leise: »Sy, das nächste Mal wirst du einen Traum haben.«

Die Träume der nächsten zwei Nächte sollten wir aufschreiben; Ricardo würde sie wieder interpretieren. Wir wollten zu Roxanne Kremers Camp am Río Yarapa fahren und ihrem Camp-Manager die versprochenen Vorräte bringen. Sobald wir zum Tahuayo zurückkamen, würden die Geister direkt zu uns sprechen. Denn am Ankunftsabend wollten wir unter Ricardos Anleitung Ayahuasca trinken.

Die Fahrt zu Roxannes Camp dauerte neun Stunden. Nach fünfzig Minuten kamen wir zum Marañón, der »Mutter des Amazonas«, wie Moises ihn nannte, der hoch oben an wolkenverhangenen Berghängen entspringt. Später würden wir in den Río Ucayali einbiegen, dessen Nebenflüsse von Machu Picchu kommen, der alten Inkastadt in den Anden. Von dort würden wir über kleine Kanäle Roxannes Camp namens Dolphin Corners erreichen.

»Vor drei Jahren, als ich hier arbeitete«, sagte Moises, »verlief der Yarapa noch parallel zum Ucayali.« Jetzt treffen sie im rechten Winkel aufeinander. An der Mündung des Yarapa, erzählte er uns, gebe es ein versunkenes Dorf. Er habe selbst gesehen, wie es der Fluss verschlang. Innerhalb eines Monats sei es verschwunden gewesen. »Mein Vater hat gesagt«, erinnerte sich Moises, »das Wasser ist etwas Natürliches. Der Mensch kann es nicht aufhalten. Nur Gott.«

Dianne und ich nickten zustimmend, obwohl es nicht stimmte. Brasilien war bestrebt, Energie aus dem Wasser zu gewinnen; in den Achtzigerjahren waren rund achtzig Dämme geplant, um das südliche Brasilien mit Strom zu versorgen. Jeder Staudamm versperre den wandernden Fischen den Weg, hatte Vera, die diese Entwicklung mit großer Sorge verfolgt, uns erklärt. Ein einziger kleiner Staudamm in der Provinz

Pará habe zum Aussterben von 77 Prozent der Fischarten geführt. Jetzt leben dort nur noch fünf Arten, und nur zwei davon kommen in großen Mengen vor. Die Delfine, die statt der gewohnten Vielfalt von fünfzig Arten jetzt nur noch zwei als Nahrung zur Verfügung haben, sind fast völlig verschwunden.

Wir sahen bald noch einen anderen Beweis dafür, wie der Mensch sich des Amazonasgebiets bemächtigt – einen Dampfer, der zwei Lastkähne voller gelber Bulldozer zum Río Pastaza schleppte, in dem amerikanische Gesellschaften nach Öl bohren. In den frühen Dreißigerjahren hatte die Royal Dutch Shell Company am östlichen Fuß der Anden Öllachen auf dem Wasser entdeckt. 1938 hatte sie bereits entlang der Schlucht des Pastaza eine Straße in den Fels gesprengt – die erste Straße in Ecuador, welche die Anden überquerte. Sie legte eine fünfhundert Kilometer lange Pipeline über die Anden und fördert an vielen Stellen in den Wäldern von Ecuador und Peru Öl. Der Großteil der ecuadorianischen Ölproduktion, etwa dreihunderttausend Barrels täglich, kommt aus dem Amazonasgebiet, und die Flüsse sind geschädigt. Im Juli 1992, einen Monat nachdem die Umweltkonferenz in Rio de Janeiro stattgefunden hatte, gerieten in Ecuador bei einem Bohrunfall etwa einhunderttausend Liter Öl in den Río Napo. Die Auswirkungen auf die Tiere im Fluss hat niemand dokumentiert. Auch die gewaltigen Sprengungen in der Nähe der Flüsse bewirken oft, dass ganze Wolken von toten Fischen, Schildkröten und Delfinen an die Wasseroberfläche kommen, wie Geister aus dem Land Encante.

Touristen bekommen von solchen Dingen nichts mit; für sie ist der Amazonas immer noch der Inbegriff von Wildnis und Zauber. Als wir uns Roxannes Camp näherten, sahen wir immer mehr Motorboote mit blonden Gringos, schnell genug, um einen Einbaum zu überfahren. Innerhalb von acht Kilometern liegen hier sechs Lodges am Fluss, und die große Zahl reicher Touristen hat natürlich auch viele Einheimische angezogen. Die Einwohnerzahl des Dorfes Pôrto Miguel, das mitten zwischen den Lodges liegt, ist innerhalb von zehn Jahren von 150 auf über tausend angestiegen.

Es wird also mehr gefischt, mehr gejagt, mehr angebaut, und vor allem werden mehr Bäume gefällt.

In Dolphin Corner begrüßte uns Roxannes Camp-Manager, David Olive. Der schlanke, bebrillte, schon leicht angegraute Mann wirkte etwas müde, freute sich aber sichtlich, Besucher zu haben, die keine ärztliche Hilfe brauchten. Seine junge Frau, eine Einheimische, war gerade zu Besuch bei ihrer Mutter und hatte das Camp samt menschlichen und tierischen Bewohnern ihm allein überlassen. Ramón, der ohne Gehör geboren wurde, half David bei der Versorgung verwaister Tiere; Wilder kümmerte sich um die Bootsmotoren und Samuel war der Zimmermann des Camps. In der runden, palmblattgedeckten Esshalle lebten ein verwaister kleiner Tukan und zwei bunte Sittiche. Auch außen bevölkerten allerlei Vögel, teils in Käfigen, teils frei fliegend, das Camp. Ein Wollaffe namens Carlotta umschlang mich mit seinen Armen, seinen Beinen und dem Greifschwanz. Carlottas Körper fühlte sich fiebrig heiß an, aber David erklärte uns, dass die normale Körpertemperatur der Wollaffen bei 39 Grad liegt.

Als wir zur Esshalle zurückkehrten, kamen zwei entzückende kleine Uakari-Affen heraus. Die Einheimischen finden, dass die Uakaris mit ihren nackten roten Gesichtern und dem rotbraunen Fell wie sonnverbrannte Touristen aussehen. Die beiden hießen Ludwig und Amadeus. Sie berührten alles, zuerst mit den Lippen, dann mit der Zunge. Sie gingen mit hinein und turnten im Raum herum, während David uns seine Geschichte erzählte.

Er war vor 37 Jahren aus den Vereinigten Staaten nach Peru gekommen, um das Holiday Inn von Iquitos zu leiten. Dort hatte er 1980 Roxanne kennengelernt. Sie betrat das Hotel mit einem Ozelot auf dem Arm. Sie hatte das Tier aus einem Restaurant gerettet, wo es in einem Käfig dem Amüsement der Gäste gedient hatte. »Ich sagte ihr, sie könne ihn mitbringen, aber er müsse im Badezimmer bleiben«, erinnerte sich David. Das nächste Mal trafen sie sich, als David in einer Lodge namens Amazon Village arbeitete. Er war bei der Armee Sanitäter gewesen und Roxanne fragte ihn, ob er nicht ihr neu errichtetes Camp leiten und die Gratisklinik führen wolle. Die Bezahlung war schlecht, die Ausrüstung mehr als mangelhaft, aber er nahm das Angebot an. »Wir haben in Korea schlimme Dinge getan. Wir haben in Vietnam schlimme Dinge getan«, erklärte er. »Ich möchte einen Teil davon gutmachen.«

Die Klinik kümmert sich um die Kranken aus 14 Dörfern in der Umgebung. Im vorigen Jahr hatte David 1.260 Menschen verarztet, Menschen mit Diabetes, Bindehautentzündung, Knochenbrüchen, Entbindungskomplikationen, Ausschlägen, Malaria, Würmern und Schlangenbissen. Seine Kunden können es nicht fassen, dass die Behandlung gratis ist. »Was kostet das?«, fragen sie jedes Mal. Und manchmal antwortet er: »Heute kostet es das Doppelte: ein besonders freundliches Lächeln.« In ihrer Dankbarkeit versuchen sie trotzdem, sich zu revanchieren, mit Früchten, Eiern, einem Huhn.

Im Verhältnis zur Zahl seiner Patienten sind seine Mittel geradezu lächerlich. Er hatte praktisch nichts mehr, als wir kamen: neun Flaschen Antibiotika, sechs Spritzen, ein bisschen Magnesia, das war sein ganzes Hab und Gut. Dankbar nahm er die Vorräte entgegen, die Dianne über einen befreundeten Arzt besorgt hatte.

Beim Abendessen unterhielt uns David mit Geschichten über die Delfine, die häufig das Camp besuchen: Sadie, die mit ihrem Baby fast auf Reichweite heranschwimmt, Isabel, von der er sagte, sie sei »wie meine Frau, immer in Bewegung«, Marie und Daphne, die sich zum Verwechseln ähnlich wären, wenn Daphne nicht eine weiße Narbe auf ihrer Rückenfinne hätte, und schließlich Old Fart, »der große Furzer«, der am lautesten prusten kann. Er erzählte, dass Roxanne einmal von Delfinen vor einem Hai gerettet worden war. Ein anderes Mal sei sie jedoch beim Schwimmen von einem Delfinbullen gerammt worden. Er habe sie schmerzhaft mit der Schnauze unter der linken Brust gestoßen. Vielleicht habe er sie für einen Konkurrenten gehalten. »Es sind sehr starke Tiere«, sagte David. »Man darf sie nicht unterschätzen.«

Wir bedauerten, Roxanne nicht zu treffen, aber sie hält sich die meiste Zeit in den Vereinigten Staaten auf und versucht, Geld aufzutreiben. In der Zwischenzeit hält David hier die Stellung und kümmert sich um die täglichen Kleinkatastrophen: Eine Anakonda hat alle Hühner umgebracht. Im Bambus verbergen sich Giftschlangen. David schneidet den Bambus immer ab, aber Roxanne, die ihn schön findet, pflanzt immer wieder welchen nach. Das neueste Problem waren Vampirfledermäuse, die im Lager eingefallen waren. Deshalb sei der grüne Papagei draußen so trüber Stimmung, erklärte David; die Fledermäuse hätten ihm die Gefährtin getötet. »Das stand so aber nicht im Reiseführer«, flüsterte ich Dianne zu.

In diesem Augenblick sprang mir eine Küchenschabe ins Gesicht und krabbelte an meinem Arm hinunter. Ich schnippte sie weg – direkt auf Diannes Teller. Dianne schnippte sie weiter, quer durchs Zimmer. Es hatte ein bisschen was von Badminton. Dann lief mir ein Tier über die Füße.

»Eine Ratte«, sagte David.

Unauffällig zog ich die Füße auf den Stuhl und setzte mich darauf.

»Ach, noch etwas«, sagte David, als wir ins Bett gingen. »Vielleicht sind Taranteln im Zimmer.«

»*Bloß nicht*!«, rief Dianne. »Vor denen habe ich wirklich Angst.«

»Ich sage ja nur: vielleicht«, erwiderte David. »Man muss halt das Moskitonetz ordentlich festklemmen.«

Den ganzen nächsten Tag waren wir mit dem Kanu unterwegs und beobachteten die Delfine. Dann machten wir uns auf den Rückweg zu Pauls Lodge. An diesem Abend wollten wir Ayahuasca trinken und waren daher ziemlich aufgeregt. Steve hatte sich bereit erklärt, der Zeremonie beizuwohnen. Ich war froh darüber, denn er wusste, wie man mit Verrückten umgeht. Es war ja nicht vorherzusehen, wie Dianne und ich auf die Droge reagieren würden.

Auch Moises würde dabei sein, desgleichen Gabriella und Gladys. Die beiden Frauen mit ihrer praktischen Gesinnung brachten eine große Plastikwanne mit für den Fall, dass wir uns erbrachen oder die Droge andere Ausscheidungen förderte. Ricardo schärfte uns ein, den Raum nicht zu verlassen und alles Licht strikt zu meiden, sonst könnten unsere Augen Schaden erleiden. Auch dürften wir nicht sprechen. Aber Ricardo würde merken, wenn es uns schlecht ging, versicherte Moises. Wenn wir Angst hätten, wenn wir uns erbrächen, würde Ricardo uns Rauch auf den Kopf blasen. Das werde helfen, versprach er. »Die Mutter des Weins beschützt euch. Sie bewacht euch drei Tage lang. Dann seid ihr frei.«

Ricardo begann mit der Zeremonie. Er blies Weihrauch über das Gefäß mit Ayahuasca und reichte es uns dann.

Der Trank war warm und dick wie Blut und bitter wie Galle. Wir tranken je drei große Schlucke. Bei jedem Schluck stieg eine Welle von Übelkeit in mir auf. Ich hatte eigentlich vorgehabt, während ich auf die Wirkung wartete, irgendein beruhigendes Mantra vor mich hinzusagen: »Mutter des Weins, komm zu mir« oder so etwas in der Art. Aber ich konnte nichts anderes denken als: »Nicht kotzen, nicht kotzen, nicht kotzen ...«

Ricardo löschte die Lampe und begann mit dem Pfeifen und Singen. Mit der linken Hand hielt ich Diannes, mit der rechten Hand die von Steve. Ich fühlte die Droge in meinem Körper wirbeln und wartete auf Visionen.

Die erste Vision kam schnell. Vor meinem inneren Auge erschien ein Jaguar im Mondlicht. Das Volk der Barasana in Kolumbien betrachtet die Jaguare als Vermittler zwischen Erde und Himmel, Leben und Tod, Geist und Seele, Wasser und Land. Das ist kein Wunder, schließlich beherrscht die größte amerikanische Katze sämtliche Disziplinen: Sie schwimmt hervorragend, klettert wie ein Leopard und ist tag- und nachtaktiv. Die Kayapos glauben, dass das Feuer ursprünglich dem Jaguar gehörte; jetzt sieht man es nur noch in seinen Augen reflektiert. Als die Kayapos zum ersten Mal Taschenlampen sahen, nannten sie sie »Jaguaraugen«. Bei den Shipibos heißt es, dass ein Mann, der ein großer Schamane werden will, die Vision eines Jaguars haben muss, der in seinen Anus hineinfährt und aus seinem Mund wieder herauskommt. Danach sei der Zauber eines solchen Schamanen so stark, dass er nicht gebrochen werden könne.

Mir war, als betrachtete ich den Jaguar ein paar Minuten lang. Seine silbernen Augen starrten direkt in meine. Er bewegte sich nicht. Ich bewegte mich nicht. Und obwohl ich diesen Ausdruck in den Augen von Tigern gesehen hatte und wusste, was er bedeutete, hatte ich doch keine Angst, denn mir war bewusst, dass dies hier ein Geisterjaguar war.

Wenn er mich verschlingen wollte, würde ich keinen Widerstand leisten.

Wollte mir der Jaguar etwas mitteilen? Mir kamen keine Worte in den Sinn, keine Botschaft. Seine Gegenwart war schon genug. Und dann wurden seine Augen zu den meinen. Ich sah, wie meine eigenen Augen mich unter den Lidern anstarrten.

Auch diese unheimliche Vision verschwand, als Dianne meine Hand losließ. Sie musste sich, aller verzweifelten Abwehr zum Trotz, übergeben. Eine Sache, die nicht einmal Dianne mit Stil und Grazie erledigen kann. Und so verschmähte sie das Plastikgefäß und eilte aus dem

Raum, um über das Geländer zu kotzen. Gabrielle und Gladys folgten ihr und passten auf, dass sie nicht ins Wasser fiel. Ich wollte aufstehen, bemerkte aber, dass meine Beine nicht mehr zu mir gehörten.

Die nächsten drei Stunden war ich hauptsächlich damit beschäftigt, gegen die Übelkeit anzukämpfen, um die Droge bei mir zu behalten. Ricardo musste es bemerkt haben, denn immer, wenn der Brechreiz unerträglich wurde, blies er Weihrauch über meinen Kopf und der Rhythmus des Blattbüschels wurde schneller. Steve und Dianne erzählten später, ich hätte gezittert vor Anstrengung. Ich wollte, dass die Delfine kämen. Ich wollte ihr Reich Encante sehen. Ich wartete auf eine Botschaft, eine Vision.

Schließlich konnte ich es nicht länger aushalten. Benommen kroch ich zur Tür, um draußen über das Geländer zu kotzen. Es wurde mir aber nicht besser davon. Jetzt war die Droge in meinem Blut, nicht mehr im Magen. Also müsste sie jetzt in meinem Kopf wirken, dachte ich hoffnungsvoll. Vielleicht würde sie neue Visionen erzeugen. Begleitet von den zwei Frauen, die mir zu Hilfe gekommen waren, kehrte ich ins Haus zurück.

Die Zeremonie ging weiter, genau wie die Übelkeit. Zermürbt dachte ich, das sei das Schlimmste, was ich je mitgemacht hatte. Es war schlimmer als der Hochseetrip mit einem Haiforscher, der genau in dem Moment, als ich, grün vom Seegang, auf die Reling zutorkelte, einen Eimer Fischblut über dieselbe kippte, um die Haie anzulocken. Es war schlimmer als alle Durchfälle, die ich auf vier Indienreisen durchlitten hatte. Auf einem Fest in Borneo waren Dianne und ich einmal mit Reiswein traktiert worden, dem ein toter Hirschembryo zugesetzt war und der in einem menschlichen Schädel serviert wurde. Verglichen mit meinem jetzigen Zustand, kam mir die Erinnerung geradezu harmlos vor. Nicht einmal das Denguefieber hatte mir so zugesetzt. Damals war ich wenigstens drei Tage lang bewusstlos gewesen, wodurch mir vieles erspart worden war. Dianne wachte an meinem Bett. Bevor ich ohnmächtig wurde, gab ich ihr Anweisung, meinen Mann von meinem Tod zu unterrichten, sobald mein Körper zu stinken begänne.

Schließlich beendete Ricardo seinen Singsang und Moises erklärte die Zeremonie für beendet. Am Morgen würde uns Ricardo unsere Träume und Visionen ausdeuten.

»Wie fühlt ihr euch?«, fragte Moises.

»Frisch wie ein Gänseblümchen«, antwortete ich.

»*Fan-tas-tisch*!«, zwitscherte Dianne.

»Nur damit ihr Bescheid wisst: Ich glaube, ich sterbe«, sagte ich zu Dianne und Steve, als alle anderen den Raum verlassen hatten. »Würde mich nicht wundern«, antwortete Dianne.

»Im Grunde würde ich mich freuen, wenn es so wäre«, sagte ich, woraufhin wir in einen Lachanfall ausbrachen. Wir fühlten uns so grässlich, dass es schon wieder komisch war.

Stunden später, als ich in meinem Bett noch immer auf Wellen der Übelkeit schaukelte, hatte ich meine letzte Vision. »Dianne, siehst du das?«, fragte ich.

»Was?«

Direkt über mir, so klar wie auf einer Kinoleinwand, schwebte das Raumschiff Enterprise.

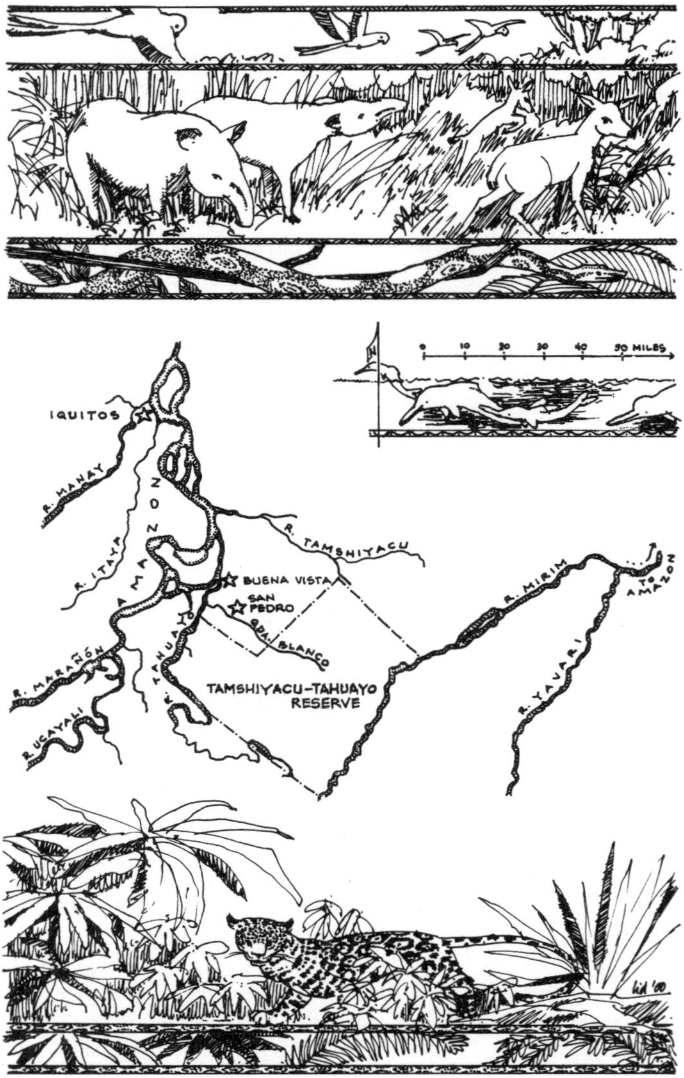

Tamshiyacu-Tahuayo-Reservat

Der Natur ganz nah: Im Reservat von Tamshiyacu-Tahuayo

»Wozu sollte das gut sein?«

Die Gesellschaft, der ich ein paar Wochen später in Pauls Lodge von unserer Ayahuasca-Erfahrung erzählt hatte, war sehr illuster – und sehr skeptisch. Die Leute gehörten alle zum Aufsichtsrat des Rainforest Conservation Fund (RCF), der seinen Sitz in Chicago hat. Die Stiftung fördert die Tamshiyacu-Tahuayo Community Reserve, an deren Rand die Lodge liegt. Es handelt sich dabei um das erste Reservat in Peru, das die Einwohner genauso schützen möchte wie die Tiere und Pflanzen.

Mit Ausnahme des Präsidenten hatte noch keines der Aufsichtsratsmitglieder das Reservat je gesehen oder die Menschen getroffen, denen ihre Bemühungen galten – bis jetzt. Nun hatten sie beschlossen, zwei Wochen hier zu verbringen, um das Reservat zu erforschen. Es waren lauter hoch angesehene Wissenschaftler. Paul, der fand, ich müsse sie unbedingt kennenlernen, hatte mich eingeladen, sie dabei zu begleiten.

So befand ich mich also wieder in Peru, saß mit meinen neuen Freunden um einen der langen Tische in Pauls Lodge und erzählte unsere Geschichte.

Jon Green, ein auf wirbellose Tiere spezialisierter Tropenbiologe, fand es mehr als tollkühn, Ayahuasca zu nehmen. Dabei war gerade Jon auch kein Feigling. Er hatte zusammen mit seiner Frau lange Jahre in Thailand und Malaysia gearbeitet und zwischen Krokodilen und Giftschlangen Würmer und Taschenkrebse aus dem Schlamm gegraben. Für ihn zeigte die Vision nur an, dass die normale Chemie des Gehirns durch die Droge entgleist war. Aber Jon war, wie ich, ein Fan von Raumschiff Enterprise und wollte wissen, wie der Schamane diese Vision gedeutet hatte.

Zuerst hatte Ricardo den Jaguar gedeutet, berichtete ich. Der Jaguar sei mir von den Delfingeistern als Beschützer auf der Reise geschickt worden. »Überall, im Haus, im Kanu und auf dem Land, wird der Jaguar über dich wachen wie ein Schamane«, hatte er mir durch Moises mitgeteilt.

Dass meine eigenen Augen mich angestarrt hatten, kommentierte Ricardo nicht. (Später erfuhr ich, dass solche Bilder bei Menschen, die sich um Visionen bemühen, nicht unüblich sind. Sie bedeuten eine Wendung nach innen, bevor die Reise weitergeht.) Aber das Raumschiff Enterprise war etwas anderes. In einem langen Palaver auf Spanisch und Quechua versuchte Moises, Ricardo klarzumachen, was ein Raumschiff ist. Kaum hatte Ricardo das begriffen, erkannte er auch die Bedeutung. Normalerweise schickten die Geister ein Kanu, mit dem man in ihr Reich fahren könne, erklärte er. Aber weil ich aus einem so hoch technisierten Land käme, hätten sie mir ein Raumschiff geschickt.

Dave Meyer, Rechtsanwalt von Beruf und Biologe aus Leidenschaft, schien unangenehm berührt: »Aber Sie glauben doch wohl nichts davon?«

Gute Frage.

»Ich weiß, dass Don Ricardo mir nichts vorgelogen hat«, sagte ich vorsichtig. »Ich glaube, dass das, was er sagt und was die Leute von den Delfinen glauben, und die Art, wie sie die Welt sehen, wahr ist – wenn auch nicht in unserem Sinn.«

»Aber dieser Unsinn über Encante und über Delfine, die sich in Menschen verwandeln!«, sagte Jon.

»Delfine sind eine biologische Spezies – sie haben keine Zauberkräfte!«

»Don Jorge hat mir erzählt, er habe die Delfine aus dem Wasser kommen sehen«, sagte Greg Neise. Der junge Greg war Präsident der Stiftung und der Einzige, der schon früher da gewesen war. Er war dabei viel mit Jorge Soplin, einem einheimischen Fachmann für Pflanzen und ihre Verwendung, zusammen gewesen. »Er sagt, sie kommen aus dem Wasser, stehen auf ihrem Schwanz und nehmen wunderschöne weibliche Körper an. Am Quebrado Blanco hat er das einmal selbst erlebt. Er drehte sich um und lief davon, denn er wusste, dass es nur Delfine waren.«

»Na, na, na«, sagte Dave.

»Hier geschehen eigenartige Dinge«, sagte Greg.

Greg war von uns der Einzige ohne einen Hochschulabschluss; alles, was er weiß, weiß er aus eigener Erfahrung. Greg ist ein großer, bärtiger Mann Mitte dreißig mit einem blonden Pferdeschwanz. Er ist autodidaktischer Webdesigner und verdient so viel, dass er ausgedehnte Reisen in die Tropen unternehmen kann, vorzugsweise nach Costa Rica und Peru.

»Einmal«, erzählte Greg, »gingen wir am Quebrado Blanco entlang, ich und Don Jorge und andere. Und jeder verstand, was die anderen dachten. Ohne Worte führte mich Jorge durch ein schwieriges Gelände. Wenn einer von uns ein Tier entdeckte, spürte es der andere. Es war eine Art

Bewusstsein, die es in der Stadt nicht gibt, eine Art Telepathie. Es widerspricht allem, was ich denke und glaube. Und all das passierte mit Menschen, die ich unter anderen Umständen kaum verstand – ich sprach damals kein Wort Spanisch, und das meiste war sowieso Quechua. Trotzdem wusste ich, was sie dachten, völlig ohne Gesten.«

Nach kurzer Pause fuhr Greg fort: »Das Ganze wurde mir eigentlich erst bewusst, als wir nach Iquitos zurückkamen und es plötzlich wieder vorbei war. Auch Jim hat so etwas schon mit ihm unbekannten Menschen erlebt.« Jim Penn, der Abteilungsleiter für das Projekt *Ackerbau im Regenwald*, arbeitet seit über zehn Jahren im Reservat, und manchmal lebte er von dem, was er im Sommer verdiente, indem er in Chicago Häuser anstrich. Er ist mit einer Peruanerin verheiratet, und die Menschen in den Dörfern rings um das Reservat zählen zu seinen engsten Freunden. Er hatte bis jetzt geschwiegen, aber nun sprach er: »Eins darf man nie vergessen: Diese Menschen sind nicht dümmer als wir. Sie haben gute Gründe für das, was sie glauben. Und wenn man nicht auf sie hört, bereut man es sehr schnell.«

Wir brachen am Morgen in das Reservat auf. In zwei Leichtmetall-Motorbooten fuhren wir den Tahuayo hinauf. Außer den Aufsichtsratsmitgliedern waren noch ein paar normale RCF-Mitglieder und zwei Studierende dabei, und Dave hatte seinen Sohn und einen Neffen mitgenommen.

Der Wasserweg wurde enger, der Urwald rückte näher heran. Von halb unter Wasser stehenden Bäumen hingen ganze Vorhänge von Schlingpflanzen in den Fluss. In der flimmernden Hitze tönten die Rufe der Sittiche, glitzerten die Flügel der Libellen. Farne rollten sich ein und drehten sich wie im Tanz. Die Bäume waren schwer beladen mit den Nestern von Ameisen, Wespen, Termiten und Vögeln.

Nur ein einziges Mal war ein Botaniker bisher hierhergekommen: Al Gentry, der beste Kenner der südamerikanischen Pflanzenwelt. Das sei eine sehr eigenartige Gegend, hatte er Greg erzählt. Er habe hier Pflanzen gesehen, die unter normalen Umständen in Peru nicht vorkämen. Auch der Ornithologe Ted Parker war ähnlich überrascht: »Es gibt hier Vögel, die es hier nicht geben dürfte«, hatte er Greg mitgeteilt. Einige Arten waren vorher nur in Brasilien bekannt.

Greg und ich hatten uns in den USA am Telefon darüber unterhalten, bevor wir uns trafen. »Die Gegend ist wirklich seltsam«, sagte er. »Da fließen Flüsse in entgegengesetzte Richtungen, obwohl das Land flach ist wie ein Pfannkuchen. Ich habe selbst beobachtet, dass ein Fluss innerhalb von 24 Stunden um elf Meter gestiegen und wieder gefallen ist. Es gibt hier Baumfarne, die man weiter unten im Regenwald nicht findet. Man kommt sich vor wie in einem anderen Erdzeitalter.«

Das Besondere an der Gegend von Tamshiyacu-Tahuayo ist, dass der Regenwald hier schon seit einer Zeit existiert, in der der Amazonas noch nicht entstanden war. Fossilienfunde beweisen, dass das Amazonasbecken innerhalb der letzten fünfzigtausend Jahre mindestens viermal kühler und trockener geworden ist, wobei große Teile des Regenwaldes zu Savannen wurden. Nur ein knappes Dutzend kleiner Flecken im Amazonasbecken, zusammen vielleicht 15 Prozent der Gesamtfläche, blieben feucht und warm genug, um allen Arten, die im Treibhausklima des Eozän gediehen waren, das Überleben zu ermöglichen.

»Wo ist denn das Reservat? Sind wir schon da?«, brüllte ich.

Kein Schild zeigt an, wo das Reservat beginnt, kein Posten steht Wache. Nur ein Zwergmarmoset schaukelte an einer dornenbewehrten Chambira-Palme.

Moises und Mario lenkten die Boote ans Ufer, und wir wateten durch den Schlamm an Land. Mario bahnte uns einen schmalen Pfad in eine Welt der Dämmerung. Über dem Fluss hatte helles Sonnenlicht geherrscht, aber hier gab es nur grünes Halbdunkel. Grillen zirpten wie sonst nur am Abend oder vor Tagesanbruch.

Wir gingen langsam. Ständig entdeckten wir Gewächse, die keiner der Biologen jemals zuvor gesehen hatte, zum Beispiel Kletterfarne mit zehn Zentimeter langen Dornen und eine niedrig wachsende Pflanze mit ginkgoartigen Blättern, die mit braunen Sporen gerändert waren. Das sei eine Palme, erklärte Moises zu unserer größten Überraschung. Jon und Joy standen hingerissen vor einem zierlichen weißen Pilz, der an einer abgefallenen Machimango-Frucht wuchs.

Moises und Mario, Mark, Jim, Greg, Dave und die Jungen sammelten Frösche, Spinnen, Tausendfüßler und Käfer ein. Diese sollten im Camp identifiziert und fotografiert und am nächsten Morgen wieder freigelassen werden. Zu ihrer Beute gehörte auch ein kleiner grün-schwarzer Frosch, der in keinem Fachbuch vorkam. Aber Moises kannte ihn. Dieser Frosch besitzt am ganzen Körper Giftdrüsen. Sein Gift nutzen die Menschen am Napo für ihre Pfeile.

Während die anderen sich über ihre Frösche und Pilze beugten, sah ich mich nach Gary um. Auf der langen Bootsfahrt von Iquitos bis zur Lodge hatte mir Gary schon einiges

über die prähistorischen Tiere erzählt, die vor Jahrmillionen Südamerika bevölkerten.

Vor 15 Millionen Jahren, als die Delfine vielleicht vom Pazifik her ins Amazonasbecken kamen, waren die gefährlichsten Raubtiere hier Beuteltiere mit Wolfszähnen, die ihre Jungen wie Kängurus in Bauchtaschen trugen, und fast zwei Meter große Raubvögel, die eigentlich gefiederte Dinosaurier waren – und das, obwohl die Dinosaurier seit fünfzig Millionen Jahren ausgestorben waren. Erst vor ein paar Monaten hatten Paläontologen die vorderen Gliedmaßen eines solchen Riesenvogels gefunden und nicht schlecht gestaunt. Diese Kreaturen waren zweifellos Vögel, mit Federn und Schnäbeln ausgestattet, aber sie hatten keine Flügel: Sie packten ihre Beute mit dreifingrigen Greifarmen.

Gary war in seinen Gedanken weit in der Vergangenheit, im Karbon. Damals entstanden die drei Entwicklungslinien der Wirbeltiere, die heute das Land beherrschen: die Salamander und Frösche, die Reptilien und Vögel und die vierbeinigen, echsenartigen Tiere, die viele Millionen Jahre später unter anderem zu Delfinen und Wissenschaftlern werden sollten.

Wie konnte man diese Gegend mit ihrer urtümlichen Lebensvielfalt vor der Profitgier des Menschen retten, vor Bulldozern, Ölbohrungen, Sprengungen und Viehfarmen?

Der Rainforest Conservation Fund hatte früher Projekte in Costa Rica und Neuguinea finanziell unterstützt, hätte aber immer gern ein eigenes Projekt gehabt. Da kam Jim Penn mit seiner Idee. Der RCF hätte es sich nicht leisten können, Wächter zu bezahlen und in Iquitos ein Büro zu unterhalten. Aber gerade das gefiel Jim. »Der Umweltschutz, wie man ihn in den USA versteht, funktioniert hier nicht«, erklärte er. Viele gut gemeinte Maßnahmen der Vereinigten Staaten haben in Peru verheerende Auswirkungen gehabt. Jim wusste aus langer Erfahrung, dass man in Peru die Umwelt mit Gesetzen nicht schützen kann. Behördenvertreter werden bestochen. Die Wächter schützen die Reservate nicht, sondern sind oft selbst die schlimmsten Wilderer. Auch der Ökotourismus stiftet nicht viel Segen. Das Personal in den Lodges wird nur während der Saison beschäftigt und bezahlt. (Da ist Paul die rühmliche Ausnahme: Seine Leute sind ganzjährig angestellt, und es gibt eine Krankheits- und Altersvorsorge.) Um ihr Einkommen aufzubessern, arbeiten die Leute die übrige Zeit für die großen Holzfirmen und jagen auch geschützte Tiere, teils zum eigenen Verzehr, teils zum Verkauf in Iquitos.

Anstatt der Gegend das übliche Umweltschutzsystem überzustülpen, bat Jim den RCF, das Land dadurch zu schützen, dass die traditionelle Lebensweise der Einheimischen bewahrt und gefördert wurde.

Teile des Reservats sind immer noch bedroht, aber an zwei Seiten sind die Grenzen gesichert, und zwar durch die Bewohner selbst. Die südliche Hälfte wird durch zwei verfeindete indigene Völker geschützt, die Mayorunas und die Remos. Kein Holzfäller, Viehfarmer oder Ölbohrer möchte in ihre ewigen Kriegshändel hineingeraten. Und an der Westseite, in den sechs Dörfern mit ihren 175 Familien, die Dianne und ich täglich passiert hatten, wird das Reservat durch eine wachsende Festungsmauer aus Nutzgärten geschützt.

»Der da heißt *sangre de dragón*, Drachenblut«, sagt Jim, als Don Jorge auf einen jungen Baum mit herzförmigen Blättern deutet. »Er bringt ein rotes Harz hervor, das Verbrennungen, Wunden, Durchfall und innere Geschwüre heilt. Es fördert das Nachwachsen des Gewebes.«

Jorge spricht und Jim übersetzt für uns. Jorge ist schmal, drahtig und lebhaft. In seinem Gebiss blitzen goldene Zähne. Sein weiches Haar fällt lockig auf die Schultern und er sieht wirklich nicht wie 71 aus.

Und diese halbmeterhohe Pflanze? »Ihr Name ist Ojé«, übersetzt Jim. Dabei handelt es sich um eine Ficus-Art, aus deren Kautschuk man eine Medizin machen kann, die sechs Arten von Darmparasiten tötet. »Diese dünne Schlingpflanze heißt Katzenklaue; niederländische Wissenschaftler untersuchen gerade ihre Fähigkeit, das Immunsystem von HIV-Patienten aufzubauen«, fügt Jim hinzu. Aus der Rinde des *yerba santa* gewinnen die Leute hier eine Medizin, mit der man missgebildete Föten abtreibt.

Jorge führt uns einen schmalen Pfad entlang und stellt uns die Pflanzen vor wie alte Freunde. Wir sind hier nicht im Regenwald, sondern am Rand des Reservats. Und obwohl hier lauter Regenwaldpflanzen wachsen und das Ganze aussieht wie junger Wald, ist es Jorges *Chácara*, auf Brachland angelegt, eine Mischung aus Urwald und Garten.

Die Zeder ist ein wichtiger Holzbaum; man kann Möbel daraus machen. Ajo Sacha ist ein Busch; aus dem man einen Tee gewinnt, der nach Knoblauch schmeckt, Fieber senkt und Erkältungen heilt. Aus Cashapona, einer Palme mit Luftwurzeln, kann man den Zaun für sein Haus machen. Aber sie sind auch noch zu etwas anderem gut: Man kann sie nutzen, um den Penis zu verlängern. Wie das funktioniert? Zuerst muss man natürlich die Dornen abschaben. Dann wird die Rinde eine Viertelstunde lang auf den Penis gelegt. Das muss man drei Nächte hintereinander machen, und zwar bei Neumond. Warum? Weil bei Neumond die Dinge in die Länge wachsen und bei Vollmond in die Breite.

Mit den Bäumen ist es genauso. Jorge beschneidet seinen Cainito-Baum, der köstliche Früchte trägt, nur bei Vollmond, damit er breit und kräftig wächst.

Viele der Bäume im Chácara tragen Früchte. Die üppige Fülle, die leuchtende Farbigkeit sind überwältigend. An einem Baum hängt eine Girlande aus Schneckenhäusern. Sie erhöhen die Fruchtbarkeit des Baumes, sagt Jorge.

Die Wissenschaftler lachen verächtlich. Aber Don Jorge hat zu seinen Pflanzen nun einmal ein sehr persönliches Verhältnis. Vielleicht ist die Girlande eine Opfergabe, vielleicht auch nur eine freundliche Geste einem anderen Lebewesen gegenüber.

Man dürfe seinen Chácara nur mit der richtigen Gesinnung betreten, erzählte Jorge mir später, und nie, wenn man betrunken sei.

Es ist kein Wunder, wenn die Menschen hier sich der Natur so nahe fühlen. Nirgends auf der Welt ist man auf allen Seiten – auch nach oben – derart von Natur umgeben wie hier. Nach zwei Jahrhunderten Missionsarbeit sind zwar fast alle dem Namen nach Katholiken, aber ihre Traditionen sind älter, haben wenig mit dem Himmel und viel mit der Erde zu tun.

Auch eine Ayahuasca-Liane findet sich in Jorges Garten. Er braucht sie, wenn er Visionen oder wichtige Träume haben will.

Jorge erzählt, Jim dolmetscht und die Professoren machen fleißig Notizen. Unser Lehrer ehrt seine Bäume mit Schneckengirlanden, ist einmal beinahe von einem Delfin verführt worden und kann ohne Worte sprechen. Und trotzdem nennt Jim ihn einen Wissenschaftler, denn er gewinnt seine Kenntnisse durch Experimente. »Er hat mir mit seinem Forschungsdrang ungeheuer geholfen«, sagt Jim. Bei seiner Dissertation über Forstwirtschaft in Peru und während seiner ganzen zehnjährigen Arbeit in diesem Land war Jorge einer seiner wichtigsten Ratgeber.

Im Lauf seines Lebens hat Jorge nicht nur den Nutzen vieler Pflanzen entdeckt, er hat auch durch Experimente herausgefunden, wie sie sich in verschiedenen Böden und bei unterschiedlicher Behandlung entwickeln. Er weiß, dass eine Aguaje-Palme im unteren Teil seines Chácara fünfmal so hoch wird wie eine, die er im höher gelegenen Teil pflanzt. Jim hat den Säuregehalt des Bodens getestet und einen Unterschied von nur 0.5 in den pH-Werten festgestellt – das kann aber anscheinend viel ausmachen. Jorge hat durch Experimente herausgebracht, dass der Guajavabaum Stickstoff im Boden bindet; er weiß, dass die stachligen Palmen fette Böden bevorzugen; er weiß, dass *ajo sacha* in der weiblichen Form ein Busch ist und in der männlichen eine Schlingpflanze und dass die weibliche heilkräftiger ist. Und er weiß noch mehr, nämlich dass Pflanzen und Tiere, Menschen und Delfine, Land und Wasser zusammengehören und eine Schicksalsgemeinschaft bilden.

Jim ist überzeugt, dass die Pflanzen in diesem Chácara den Regenwald retten können. Er erklärt uns das am Beispiel der Aguaje-Palme.

Die Frucht der Aguaje-Palme ist mit dunkelroten Schuppen bedeckt und sieht ein bisschen wie eine Handgranate aus. Das Fruchtfleisch um den großen Kern ist gelb und wohlschmeckend. Die Früchte erzielen auf dem Markt in Iquitos hohe Preise; entsprechend groß ist das Interesse der Einheimischen, sie zu liefern.

Die Ernte ist schwierig und gefährlich. Die Palmen werden bis zu vierzig Meter hoch, und ihr Stamm ist so glatt, dass es so gut wie unmöglich ist, bis zu den Früchten hinaufzuklettern. Die Leute warten auch nicht ab, bis die Früchte herunterfallen, weil sich dann Affen und Vögel zuerst bedienen würden. Wer also als Erster kommt, fällt die Palme, bevor es andere tun – oft noch, bevor die Früchte reif sind. Für unreife Aguajen bekommt man aber längst nicht so viel Geld, also muss man nach Möglichkeit noch mehr Bäume fällen.

»Es war ein Teufelskreis«, erklärte Jim. »Jedes Jahr vergrößerten die Menschen ihre Anstrengungen, eine wertvolle Ressource oder eine weitere Pflanze zu vernichten, die bei der Ernährung vieler Tiere eine wichtige Rolle spielt.«

Die Ironie an der Geschichte war, dass die Einheimischen noch vor einer Generation Aguaje-Palmen in ihren Chácaras hatten. Aber dann hatten sie die alten Formen der Landbewirtschaftung aufgegeben.

Die von der Regierung finanzierten Förderprogramme machten den Menschen weis, ihre eigenen Methoden seien rückständig. Das moderne Peru setzte auf Maisanbau und Viehhaltung.

Sogar die Umweltschutzorganisationen unterstützten diese Politik. Wenn man die Menschen soweit »zivilisieren« könnte, dass sie sich auf Mais und Vieh umstellten, so dachte man, dann bräuchten sie nicht mehr in den Wald zu gehen, um Bäume zu fällen und Tiere zu töten.

Anfangs klappte dies auch ganz gut. Mais und Vieh gedeihen hier zwei oder drei Jahre lang prächtig. Doch dann ziehen die Helfer weiter, zufrieden mit ihrem Erfolg. Und innerhalb von fünf Jahren bricht alles zusammen. Die Böden sind ausgelaugt, das Vieh erkrankt und stirbt, und das Land wird sich vielleicht nie wieder erholen. Die Familie muss weiterziehen und neues Land roden.

Als die Menschen sich auf die neuen Methoden umstellten, verließen sie ihre Chácaras am Rand des Regenwaldes. Die Regierung verteilte das nunmehr herrenlose Land an alle, die etwas haben wollten. Fremde brannten den Wald nieder, brachten riesige Viehherden und fühlten sich als große Herren. Ölsucher kamen, Holzfäller und Kaufleute aus Iquitos, die jagen wollten.

Als Jim zu Beginn der Achtzigerjahre mit seiner Arbeit hier begann, hatten die Einheimischen die traditionelle Art der Bodennutzung so gut wie vergessen.

Aber einige wenige, darunter Don Jorge, erinnerten sich noch daran. Sie wussten auch noch, dass Aguajen, wenn sie nicht mit anderen Bäumen um das Sonnenlicht konkurrieren müssen, sondern in Chácaras und Dörfern wachsen, meist nicht höher werden als fünf Meter – nicht zu hoch, um die Früchte zu ernten, ohne den Baum umzuschneiden. Die Früchte konnten gepflückt werden, wenn sie reif waren und den größten Gewinn erzielten, und der Baum brachte jahrzehntelang neue hervor.

Und so startete Jim im März 1992 mit 2.500 Dollar vom RCF das erste landwirtschaftliche Hilfsprogramm in Südamerika, das sich nur auf einheimische Arten stützte.

»Die Leute sollen wieder stolz sein auf die Dinge, die sie wissen«, erklärte er. »Wir haben ihnen nicht gezeigt, wie man pflanzt. Wir haben nur das alte Wissen neu belebt.«

Jetzt überwacht Jim die sechstausend Aguajen, die 33 Familien in ihren Chácaras gepflanzt haben. Und er arbeitet mit, lässt sich die Haut verbrennen und von Moskitos zerstechen. Er könnte es gemütlicher haben und in einer Forstbehörde in den USA arbeiten. Aber er hat sein Herz an diese Aufgabe gehängt und streicht im Sommer daheim Häuser an, damit er sich den Rest des Jahres in Peru nützlich machen kann.

Er ermuntert die Leute auch, es mit anderen Bäumen zu versuchen, mit Früchten und Heilkräutern, die man in Iquitos gut verkaufen kann.

Die Bäume gedeihen in den Chácaras. Weil dort viele verschiedene Arten gepflanzt werden, erneuern sich die Nährstoffe immer wieder. Solche Chácaras mit einheimischen Sorten sind dreißig oder vierzig Jahre lang nutzbar – vielleicht auch noch länger. Sie werden auf ehemaligen Maniok- oder Bananenfeldern angelegt, sodass nicht gerodet werden muss. Und wenn eine Familie doch einmal ihren Chácara aufgibt und wegzieht, dann bleibt keine ausgelaugte, kahle Stelle zurück, sondern ein junger Mischwald aus einheimischen Bäumen.

»Wenn wir unsere Ressourcen nicht schützen, wer soll es dann tun?« Raúl Huanaquiri, das gewählte Dorfoberhaupt, steht im einzigen Schulraum des Dorfes an der Tafel. Dort ist das Reservat mit seinen Grenzen und seinen Flüssen aufgezeichnet. Anstelle der Schüler sitzen die Biologen, Zoologen und Forstwissenschaftler vom RCF an den kleinen Pulten und lassen sich belehren.

Raúl spricht Spanisch und Jim übersetzt: »Als die Gegend zum Reservat erklärt wurde, gab es viele Diskussionen. Aber jetzt hat sich die Überzeugung durchgesetzt, dass wir unser Land selbst schützen müssen. Die Regierung tut es nicht.«

Erst im vergangenen Frühjahr hatten sie bemerkt, dass wieder Bäume gefällt und, zu Flößen zusammengebunden, von kräftigen Schiffen nach Iquitos geschleppt wurden. Es stellte sich heraus, dass die Holzfirmen Genehmigungen von der Regierung hatten, ausgestellt und unterschrieben unter Mitwirkung des peruanischen Umweltschutzinstituts und des Landwirtschaftsministeriums. César Reyes vom RCF protestierte im Namen der Dorfbewohner bei den Behörden in Iquitos, und die Genehmigungen wurden widerrufen.

Die Menschen am Fluss brauchen den Wald so, wie er ist. In seiner Ganzheit. Sie brauchen ihn zum Leben. Etwa 35 Familien jagen regelmäßig im Reservat. Sie erlegen große Nagetiere wie die Pakas, die schweineähnlichen Pekaris und gelegentlich auch Affen und größere Tiere wie die Tapire. Die kleinen Tiere essen sie selbst, Fleisch und Fell der größeren verkaufen sie auf dem Markt in Iquitos. Aber sie haben inzwischen begriffen, dass die Tierbestände nicht unerschöpflich sind.

Raúl berichtet, dass die Dorfgemeinschaft neue Regeln eingeführt hat: Affen, Riesengürteltiere und Tapire dürfen überhaupt nicht mehr gejagt werden, und für die Jagd auf Huftiere wie die Pekaris gibt es Quoten: Erlaubt sind drei Tiere pro Familie innerhalb von zwei Monaten. Kontrolliert wird an zwei Stellen am Fluss durch einheimische Jagdwächter. Nur einheimische Subsistenzjäger dürfen diese Kontrollpunkte passieren. Das Revier ist zwar sehr groß, aber nur auf dem Fluss zu erreichen. So kommt kaum jemand unbemerkt durch.

Die Dörfler haben auch Arbeitsgruppen eingerichtet, die in den Chácaras am westlichen Rand des Reservats einheimische Bäume pflanzen. »Dabei lernen auch unsere Kinder die Pflanzen und Tiere kennen; das ist uns sehr wichtig«, erklärt Raúl.

Das Reservat von Tamshiyacu-Tahuayo gilt als beispielhaft. Nach Raúls Vortrag diskutieren Greg, Gary und Jon, ob sie fünfzigtausend Dollar auswerfen sollen, um ihren peruanischen Repräsentanten César Reyes anständig bezahlen und auch für Jim endlich ein Gehalt aussetzen zu können.

Eine Reise in die Vergangenheit

Erzähl mir eine Geschichte.
In diesem Jahrhundert der Besessenheit
erzähl mir eine Geschichte.
Sie soll von großen Entfernungen handeln und vom Licht
der Sterne.
Die Geschichte soll Zeit heißen,
aber du darfst ihren Namen nicht aussprechen.
Erzähl mir eine Geschichte vom vollkommenen Glück.
– Robert Penn Warren

Dass es vor unserer Welt eine andere gegeben hat, ist eine Vorstellung, die sich in den Mythologien vieler Völker findet. Diese frühere Welt wurde durch Feuer oder Wasserfluten zerstört, die meisten Menschen und Tiere kamen um. In den Sagen der Völker geistern noch immer die mythischen Tiere, die Chimären und Ungeheuer aus jener Vorzeit.

Eins der hiesigen Fabelwesen ist der Mapinguari, ein behaartes, stinkendes Tier mit der Gestalt eines Bären und dem Gesicht eines Affen. Gary fand, das klänge nach einem Riesenfaultier aus dem Pleistozän. Ein anderes ist der Wasserjaguar, der so groß wird wie eine Kuh und Menschen im Boot angreift. Es gibt auch eine Riesenschlange, größer als die größte Anakonda, die in den tiefsten Stellen der Seen lebt. Ihre Augen leuchten wie Scheinwerfer. Ihr Name ist Cobra Grande. Sie kann dein Kanu unbeweglich machen, deinen Schatten stehlen oder dich nach Encante mitnehmen.

Manche dieser alten Monster sind besonders furchterregend, weil sie Menschengestalt annehmen können. Eins davon, mit Namen Curupira oder Chullachaqui, kann als alter Mann erscheinen, als Zwerg, als Frosch oder als Weißlippenpekari. Er ist der Beschützer des Wildes und führt die Jäger in die Irre. Seine Füße zeigen nach hinten, sodass die Jäger ihm folgen, während sie davonzulaufen glauben.

Nigel Smith gibt in seinem Buch *The Enchanted Amazon Rainforest* eine Geschichte wieder, die man sich am Rio Negro von Curupira erzählt: Eine Jagdgesellschaft war einen Nebenfluss des Rio Negro hinaufgezogen und hatte Pekaris gejagt. Jeder Mann tötete mehr als sechs Pekaris, dann legten sie die Tiere übers Feuer zum Braten.

In der Nacht kam ein Fremder mit einer Botschaft in ihr Lager: »Der Alte sagt, jeder, der mehr als fünf Pekaris geschossen hat, soll ihm eines geben«, sagte er.

»Sag dem Alten, er soll sich selbst etwas schießen«, antwortete ein Jäger patzig.

Die Frau eines anderen Jägers bekam Angst. Sie tadelte die anderen, weil sie nicht gehorchten. Ihr Mann hatte nur ein Pekari geschossen, aber sie gab dem Fremden eine Keule davon für den Alten.

Um Mitternacht grollte Donner im Wald, zuerst von fern, dann immer näher. Ein alter Mann kam ins Lager. Mit einem Stock berührte er die bratenden Pekaris, woraufhin sie wieder lebendig wurden und beobachteten, was dann geschah.

Der alte Mann ging zu den Hängematten der frevelhaften Jäger und knetete ihre Körper, bis sie innen nur

noch Brei waren. Dann saugte er sie vom Kopf her aus und warf die leeren Häute zurück in die Hängematten. Das freigebige Paar blieb ungeschoren und hörte, was der Alte vor sich hin murmelte: die Pekaris seien seine Kinder und kein Jäger solle mehr erlegen, als er brauche. Dann verschwand er wieder im Wald, gefolgt von den Tieren, die er zu neuem Leben erweckt hatte.

Im Reservat von Tamshiyacu-Tahuayo kann man gelegentlich noch einen Blick in vergangene Erdzeitalter werfen. Besonders Gary ist davon fasziniert. Er kann sich voll und ganz in frühere Epochen hineinversetzen. Dann wird sein Blick abwesend und träumerisch. Schon als Kind hatte er sich für Dinosaurier begeistert; er lebte mehr in der Jura- und Kreidezeit als im Kansas der Fünfzigerjahre.

Wenn er auf Zeitreise ging, nahm er mich gerne mit. »Versetzen wir uns in die mittlere Kreidezeit«, schlug er beispielsweise vor, so wie andere Leute sagen: »Gehen wir ins Kino.« Gary tauchte in Zeiten ein, in denen es gepanzerte Fische und Vögel mit Klauen an den Flügeln gab; in Zeiten wunderbarer Verwandlungen, als Fische aus dem Wasser und Säugetiere ins Wasser krochen. Im Regenwald scheint die Vergangenheit nicht ganz so vergangen; es gibt hier noch Tiere, die an Fabelwesen erinnern. Eins davon ist der Bufeo.

Wir begannen den Tag im Devon. Mario brachte uns am Morgen einen Panzerwels, der uns vierhundert Millionen Jahre zurückkatapultierte, in die Zeit unmittelbar vor dem

Karbon. Der Fisch war knapp dreißig Zentimeter lang und hatte schwarze, panzerartige Schuppen. Gary starrte ihn an, als sähe er die Devonzeit vor seinen Augen wiederauferstehen. »Ähnliche Panzerfische gab es damals in Mengen«, sagte er. »Nicht nur solch kleine. Einer, der *Dunkleosteus*, hatte einen Kopf, der allein schon einen Meter lang war.« Sie konnten ihren Panzer gut brauchen, denn damals lebten alle gefährlichen Monster noch im Wasser. Auf dem Land ging es friedlich zu; es war nur von Pflanzen bedeckt: Farnen, Schachtelhalmen, Bärlappgewächsen. Vor etwa 370 Millionen Jahren sind diese Fische ziemlich plötzlich ausgestorben. Die heutigen Panzerwelse gehören zu einer anderen Familie, den *Doradidae.*

Beim Frühstück planten Gary und ich eine Reise ins Jura. Aber zuerst würden wir mit dem Kanu durch das Karbon kommen.

»Vor dreihundert Millionen Jahren hat es in einem großen Teil der Welt so ausgesehen wie hier. Nordamerika und Europa lagen viel näher am Äquator und es gab riesige Sümpfe«, sagte Gary. »Es gab noch keine blühenden Pflanzen, keine Bienen, Insekten oder Schmetterlinge, aber massenhaft Libellen und Schaben. Und Fische – Unmengen von Fischen, einschließlich derer, aus denen sich unsere Vorfahren entwickelt haben ... Es war eine üppige, dampfige, sumpfige Welt.«

Gary ist in Gedanken derartig im Karbon versunken, dass er nicht auf die dornigen Äste achtet, die in unser Kanu hineinragen, wenn wir an einer Carachama-Palme vorbeifahren: Im Karbon gab es noch keine Dornen. Ich muss seine Hände vom Dollbord nehmen, damit sie nicht zerkratzt werden.

Unser Ziel ist die Jurazeit. Wir fahren zum Kaiman-See, um ein ganz eigenartiges Geschöpf zu beobachten: den Hoatzin, einen hühnergroßen Vogel, dessen Junge an den Flügeln Klauen haben. Der Hoatzin ist aber kein Abkömmling des Archäopterix, des Urvogels aus der Dinosaurierzeit, sondern er hat, ähnlich wie der Panzerwels, seine urtümlichen Merkmale erst Jahrmillionen später entwickelt.

Dunst steigt vom Wasser auf, als wir uns dem dürren Baum nähern, in dem die Hoatzins ihr Nest gebaut haben. Hoatzins nisten über dem Wasser, damit die Jungen, die hervorragende Schwimmer sind, sich bei Gefahr herunterfallen lassen können. Die zwei Klauen an den Flügeln helfen ihnen, wenn sie wieder ins Nest zurückklettern. Zwei Hoatzins zischeln zu uns herunter wie Reptilien, wie der Archäopterix vor 150 Millionen Jahren über den ruhigen Gewässern von Solnhofen, dessen Plattenkalk uns das berühmte fehlende Bindeglied zwischen Reptilien und Vögeln offenbart hat: Der Archäopterix besitzt drei Klauen an den Gelenken der Flügel, im spitzen Schnabel sieht man kleine Zähne, und die Wirbelsäule setzt sich in dem langen Schwanz fort, wie bei einer Eidechse.

Der Hoatzin hat ungefähr die gleiche Größe wie der Urvogel, er ist etwa sechzig Zentimeter lang und wiegt knapp ein Kilo. Die Vögel über uns haben lange Schwänze, das Gefieder ist braun und gelblich gestreift. Auf dem Kopf sitzt ein orangefarbiger Schopf, und aus den blauen Gesichtern starren uns leuchtend rote Augen an. Gary ist hingerissen. Er fühlt sich in Urzeiten zurückversetzt.

Am liebsten wären wir für immer dageblieben, aber George, unser Guide, drängt zum Aufbruch. Es dämmert bereits und unser Kanu stößt immer öfter an Ameisenbäume – nicht nur an Cecropias, auf denen kleine Ameisen wohnen, sondern auch an andere, deren Laub ich im schwindenden Licht nicht identifizieren kann. Ich hoffe nur immer, dass es keine Tangarangas sind, weil auf denen die unangenehmsten Ameisen wohnen. Ihre Bisse sind wirklich schmerzhaft. Wir können es uns aber nicht leisten, das Boot nach ihnen abzusuchen, weil wir vollauf damit beschäftigt sind, uns unter Ästen wegzuducken und den Dornen auszuweichen, die man auch nicht mehr gut erkennt.

Das Wasser ist in den letzten Tagen stark gefallen. George findet die normalen Wasserwege oft zu seicht. Auch ist unser Kanu schwerer als sonst, denn wir haben Rachel Dulin, ein RCF-Mitglied aus Israel, und Carolynn Charleston, eine von Jons früheren Studentinnen, dabei. Beide sind zum ersten Mal in den Tropen und haben Angst, wir könnten im Dunkeln nicht heimfinden. Das wäre nicht so tragisch, beruhige ich sie; im schlimmsten Fall müssten wir eben die Nacht im Boot verbringen. Doch während ich mir die zuckenden Blitze so anschaue, muss ich gestehen, dass wir im allerschlimmsten Fall vielleicht die ganze Nacht im strömenden Regen sitzen werden. Dankenswerterweise weist Rachel uns dann auch noch darauf hin, dass wir natürlich auch vom Blitz erschlagen werden könnten.

Wie sich herausstellt, hatte George sich tatsächlich verirrt. Und zu allem Unglück haben wir nur eine einzige Taschenlampe dabei, die obendrein schon schwächer wird. Und jetzt bleiben wir auch noch stecken. Wir sind auf einen unter Wasser liegenden Baumstamm aufgefahren und hängen fest. Jetzt müssen wir vielleicht wirklich im Boot übernachten – das sei zwar ungemütlich, wenn man den Regen und die Moskitos bedenkt, aber nicht gefährlich, betont Gary.

Da erschnuppere ich einen intensiven Geruch, wie Popcorn mit Butter, den ich aus Indien kenne. Es ist der Geruch von Tigerurin. Die Tiger spritzen ihren Urin an die Bäume, um ihr Territorium zu kennzeichnen. Hier gibt es zwar keine Tiger, wohl aber Jaguare, die ihre Beute auf die gleiche Art wie Tiger schlagen. Auch sie haben ihre Territorien, die sie mit Urin markieren.

Sofort korrigiere ich meine Vorstellung vom schlimmsten Fall um eine weitere Stufe, behalte dies aber wohlweislich für mich.

Nachdem wir uns gegen zwei Bäume stemmen, schaffen wir es, das Boot über den Stamm zu schieben. Wir sind wieder frei. Und George erkennt einen Kanal, der uns aus dem Wald zum Fluss führt. Er wirft den Motor an und unter einem prächtigen Sternenhimmel fahren wir heim.

Später fragte ich Moises nach dem Geruch. Er komme von einem Käfer, der zu seiner Verteidigung aus einer Röhre am Hinterleib eine Säure ausstoße, erklärt er.

Gary ist begeistert: »Ein Käfer aus dem mittleren Jura!«

Doch auch die Gegenwart hat ihre Freuden. Eines Morgens entdeckten wir einen etwa 1,20 Meter langen Zitteraal im seichten Wasser über dem Trockenzeit-Garten der Lodge. Wir beugten uns alle über das Geländer und beobachteten das sonderbare und schöne Geschöpf: ohne Schuppen, graubraun mit roter Unterseite, glatt und rund und in der Lage, mit den elektrischen Organen in seinem Schwanz Entladungen bis zu 650 Volt zu erzeugen. Wir hatten uns hier schon einmal gewaschen, als die Duschen nicht funktionierten, und fragten uns jetzt mit leichtem Unbehagen, ob der Aal damals wohl schon da gewesen war, verborgen im dunklen Wasser.

Und wenn nicht er, dann sicher ein anderer. Denn Zitteraale finden sich hier zahlreicher als alle anderen Fische zusammen. Unserer hier gehörte zu den kleinen; sie können fast drei Meter lang werden.

Alle paar Minuten tauchte das geschmeidige Tier auf, um Luft zu schnappen. Der Mund eines Aals ist so reich an Blutgefäßen, dass er ihn als Lunge benutzen kann. Seine Kiemen sind rudimentär und er braucht sie nur, um Kohlendioxid auszustoßen. Wenn der Zitteraal seine Beute durch einen elektrischen Schlag lähmt, sodass sie sich nicht mehr wehren kann, will er damit vielleicht seinen empfindlichen Mund schützen. Oft aber macht er sich die Mühe gar nicht, sondern saugt die Fische wie ein Staubsauger durch seinen Mund direkt in den Magen.

Greg und der Fotograf Jim Rowan fanden, der Aal müsse gefangen und fotografiert werden. Rudy und Juan Salas stiegen ins Wasser, um ihn in ein Netz zu locken. Der Aal versuchte, sie von sich fernzuhalten. Hektisch sprangen sie im Wasser umher, um nicht mit ihm in Berührung zu kommen. Greg erzählte, er und Don Jorge hätten im Vorjahr im Quebrado Blanco einen Zitteraal gefangen. Jorge habe ihn mit der Machete am Kopf berührt und einen Stromstoß nach dem anderen über sich ergehen lassen, um sein Rheuma damit zu kurieren.

»Und? Hat es funktioniert?«, fragte ich.

»Vielleicht«, lachte Greg.

»Vielleicht hat er sich hinterher aber auch nur besser gefühlt, weil er keine Stromstöße mehr bekam.«

Ich wurde immer neugieriger auf Don Jorge und bat Jim, einen Besuch bei ihm zu arrangieren und beim Gespräch zu dolmetschen. Ich wollte mit Don Jorge über die magischen Kräfte des Bufeo sprechen. Zu meiner größten Überraschung wollte Gary mitkommen. Was versprach er sich davon? Er war ein Mann der exakten Wissenschaft; seine Wahrheit waren Fossilien, buchstäblich in Stein festgehalten. Don Jorges Zugang zur Natur dagegen war intuitiv. Würde Gary versuchen, Don Jorge »aufzuklären«? Und würde Don Jorge sich durch Garys Skepsis beleidigt fühlen? Gary glaubte nicht an die Verführungskunst der Delfine, und Don Jorge nicht an Dinosaurier. Aber ich sollte merken, dass die beiden Männer mehr Gemeinsamkeiten hatten, als ich vermutete: Beide sprachen von einer Entwicklung, vom Wandel der Zeit. Sie ergänzten sich und spiegelten einander wider, wie die Wasser von Encante die Sterne am Himmel widerspiegeln.

Wir besuchten Don Jorge in dem Pfahlhaus, in dem er mit seiner freundlichen Frau Isabella wohnt. Bevor wir uns setzten, wollte Don Jorge uns etwas zeigen. In der kleinen Küche lag ein Holztrog umgedreht am Boden. Er hob ihn hoch, und wir erblickten eine weich gepanzerte Schildkröte, knapp einen halben Meter lang, mit dunklen Augen und spitzer Schnauze. Ihr Hals war zur Seite gebogen wie bei einem Vogel, der den Kopf unter den Flügel steckt. Gary blieb die Luft weg: »Eine *Podocnemis!*«, rief er aus. »Ich kenne sie aus

der Literatur, aber ich hätte nie gedacht, dass ich je eine zu Gesicht bekommen würde.«

Podocnemis ist der Name einer Gruppe großer südamerikanischer Süßwasserschildkröten, die den Hals nicht zurückziehen können. Stattdessen beugen sie ihn zur Seite, wenn sie den Kopf unter dem Panzer bergen wollen. Es sind die primitivsten Schildkröten, die es auf der Welt gibt. Sie gehören womöglich zu den wenigen Überlebenden aus der Zeit des Urkontinents Pangäa, der auseinanderbrach, als die Kontinentaldrift begann.

Don Jorge hatte wohl bemerkt, dass er da etwas Seltenes hatte. Er hatte sie nicht mit Absicht gefangen; sie war einfach in sein Fischnetz geraten. Was sie damit machen wollten, fragten wir. Nun, höchstwahrscheinlich würden sie sie heute zu Abend essen. Gary und ich kauften sie ihm für fünf Dollar ab. Wissenschaftler und Fotografen im Camp würden begeistert sein, erklärten wir Don Jorge. Nachdem die Fotos gemacht wurden, würden wir sie freilassen. Dann führte uns Don Jorge auf die offene Veranda am Fluss, wo wir uns auf eigenartigen Sitzgelegenheiten niederließen. Jim übersetzte geduldig.

»Ich weiß alles, was es über die Bufeos zu wissen gibt«, sagte Don Jorge ganz sachlich. »Wenn ein Bufeo dich entführen will, nimmt er eine andere Gestalt an. Er kann aussehen, wie er will, sogar wie dein bester Freund. Und dann sagt er: ›Hey, Jorge, komm mit zum Schwimmen!‹ Und dann schwimmt ihr miteinander und der Delfin wird wieder zum Delfin. Und mit einem Mal bist du auch einer. Er zieht dich in sein Kanu, ohne dass du es merkst, und ihr geht unter Wasser.« Dieses Gefühl musste Gary doch auch kennen: in eine andere Welt zu gleiten, ohne es zu merken – in die

Kreidezeit, ins Jura, ins Zauberreich von Encante. Tatsächlich hörte Gary aufmerksam zu.

»Die Delfine kommen aus dem Wasser, sie stehen auf ihrem Schwanz und haben wunderschöne weibliche Körper«, fuhr Don Jorge fort. »Ich habe es selbst gesehen. Einmal kam direkt vor mir eine Frau aus dem Wasser. Sie war nackt. Sie gefiel mir sehr, aber ich folgte ihr nicht. Ich wusste, es war eine Delfinfrau, und sie würde mich unter Wasser ziehen. Dort bleibt man dann für immer.« In der Unterwasserstadt, erklärte er, gebe es Banken, Autos, »alles, was es in Iquitos gibt«. Wenn er nachts mit dem Boot unterwegs sei, könne er sogar manchmal die Kirchenglocken von Encante hören.

»Es ist eine schöne Stadt, aber man kann sie nie mehr verlassen«, sagte er. »Wenn sie dich einmal haben, gibt es keine Hoffnung mehr. Als ich diesen Delfin sah, habe ich also kehrtgemacht und bin davongefahren.«

Don Jorge schenkte Bier ein. Der Brauch ist, erklärte Jim, dass man das Glas füllt und dann seinem Nachbarn reicht. Dieser trinkt, schenkt nach und reicht das Glas weiter. So hat sich aus dem Mangel an Gläsern ein liebenswürdiges und gastfreundliches Ritual entwickelt.

Don Jorge hat den Delfin in mancherlei Gestalt gesehen. »Eines Tages«, erzählte er, »ging ich mit meinen Eltern und ein paar Nachbarn an einen großen See. Wir wollten mit Barbasco-Wurzeln fischen.« Die Wurzeln der Barbasco-Liane enthalten ein Gift, das die Fische an die Wasseroberfläche treibt, wo man sie leicht fangen kann. »Wir hatten vier Zentner Barbasco-Wurzeln dabei. Wir wollten zwei oder drei Wochen lang fischen. Mittags fingen wir an, für den nächsten Tag Wurzeln zu zerstoßen. Wir schauten über den See hin und sahen zwei Botos auftauchen. Und die Leute sagten: ›Die Delfine werden sterben, wenn wir das Gift in den See werfen.‹

Da kamen zwei Männer mit schönen Schuhen und großen Sombreros am Ufer entlang. ›Hallo, wie geht's?‹, sagten sie, und wir grüßten zurück. Dann erklärten wir ihnen, was wir machten, und sie gingen wieder.

Als wir wieder auf den See schauten, waren die Delfine verschwunden. Sie wussten, dass sie gestorben wären, wenn sie im See blieben. Und der Grund, warum sie über das Barbasco Bescheid wussten, war der, dass die beiden Männer die Delfine waren. Ich war damals zehn Jahre alt und kannte mich schon aus. Es gibt keinen Zweifel, dass Delfine sich in Menschen verwandeln können. Ich habe es selbst erlebt.

Ein anderes Mal war ich in Rio Haya beim Karneval. Das ist ein Riesenfest mit Musik und Tanz. Um Mitternacht machten die Musiker Pause. Ein gut gekleideter junger Mann erschien und fragte: ›Darf ich Flöte spielen, während ihr esst?‹ Und er spielte alte Lieder und neue Lieder, und er spielte so gut, dass die Musiker ganz beschämt waren und alle jungen Frauen sich in ihn verliebten. Da sagten die Musiker: ›Lass uns jetzt wieder spielen, dann kannst du tanzen.‹ Also tanzte er, und die Frauen waren entzückt. Um drei Uhr früh schließlich sagte er, er müsse kurz raus. Er ging aufs Deck hinaus, wo die Kanus angebunden waren, und stürzte sich – platsch! – ins Wasser.

Und die Leute bemerkten, dass viele Delfine herankamen: Es waren die Geschwister und Verwandten des Flötenspielers! Da wurde ihnen klar, dass er nicht nur ein hübscher junger Mann war, sondern ein Wasserbewohner. Ich war damals 22 Jahre alt. Auch ich erkannte, dass er ein Bufeo war.«

»Aber warum verwandeln sich die Bufeos in Menschen?«, fragte ich. »Warum bemühen sie sich, Menschen mit sich zu nehmen?«

Don Jorge überlegte einen Augenblick lang. Darüber hatte er noch nicht nachgedacht.

Dann äußerte er seine Vermutung: »Es gibt so viel Wasser und die Zahl der Delfine ist gering. Vielleicht brauchen sie einfach mehr Bewohner dort unten.«

Ich erzählte Don Jorge, dass Gary und ich am anderen Tag nach Bufeos Ausschau halten wollten. Sollten wir irgendwelche Vorsichtsmaßnahmen ergreifen? Sollten wir Angst haben?

»Es ist gut, wenn man Respekt hat vor dem Bufeo«, sagte Don Jorge. »Das ist immer gut.«

Anders als beim letzten Mal war ich diesmal nicht gekommen, um Bufeos zu beobachten. Auch war das Wasser schon stark gefallen und die Bufeos, sagte Moises, folgten dem Wasser, wenn es zum Amazonas hin abfließe.

Moises war schon am frühen Morgen mit dem Motorboot unterwegs gewesen, um zu sehen, ob es noch irgendwo einen Delfin für uns gäbe. Und tatsächlich fand er zwei, ein Männchen und ein Weibchen, wie er sagte, in einer tiefen Wasserrinne, die zum Amazonas führte. Er beeilte sich, uns zu holen, und als wir ankamen, war immerhin noch einer da. Doch alles, was wir sahen, war lediglich ein schwacher rosa Schimmer im Wasser.

»Das ist nun also mein Forschungsobjekt«, sagte ich kleinlaut zu Gary, als wir zur Lodge zurückfuhren. »Es macht nicht recht viel her, fürchte ich.«

Gary verstand mich. Das sei, wie wenn man mit Fossilien arbeite, sagte er. Auch da könne man nur manchmal einen winzigen Einblick tun. »Es gibt Lebewesen, von denen wir nur einen einzigen Zahn kennen.«

So ähnlich sei die Lage bei einigen Arten prähistorischer Wale gewesen, erzählte Gary, den Ahnen des Bufeo. Im mittleren Eozän, vor etwa 45 Millionen Jahren, gab es Wale, die nur im Wasser lebten. Das weiß man, weil man fossile Skelette in Meeressedimenten in Texas, Ägypten und Nigeria gefunden hat. Aber wie kam es dazu, dass ein Säugetier, dessen Vorfahren Millionen von Jahren auf dem Land gelebt hatten, sich so verändert hat, dass es wie ein Fisch im Wasser lebt? Lange Zeit fehlten die Bindeglieder zwischen dem Land- und dem Wassertier, und man wusste überhaupt nichts über die Entwicklung während Millionen Jahren.

Das Rätsel wurde erst vor Kurzem gelöst. Es ist eine fantastische Geschichte. Wenn es keine steinernen Beweise gäbe, würde sie niemand glauben.

Kein anderes Tier hat im Lauf der Evolution so weitreichende anatomische Änderungen durchgemacht: Sein Becken ist deutlich geschrumpft, die hinteren Gliedmaßen sind verschwunden und die vorderen wurden Flossen. Es entwickelten sich Schwanzflossen ohne Knochen, die Nüstern vereinigten sich und das Nasenloch wanderte auf den Oberkopf. Der Schädel ist völlig verändert, damit das Tier unter Wasser hören und den Druck im tiefen Wasser aushalten kann.

Nach unserer Rückkehr aus Peru besuchte ich mit Gary das Field Museum in Chicago. Zuerst zeigte er mir einen *Sotalia*- und einen *Inia*-Schädel und sagte: »Sie sehen nicht aus wie die Schädel von Säugetieren.« Der Oberkopf ist eingedrückt, die Öffnung im Schädel, durch die das Rückgrat einmündet, ist nicht unten, sondern an der Hinterseite. Das Nasenloch ist oben – fast alles ist am falschen Platz.

Aber die Geschichte dieser Entwicklung lag lange Zeit völlig im Dunkeln, oder besser, auf dem Boden verschwundener Flüsse und Seen in Pakistan und Ägypten. Dann fand der Paläontologe Philip Gingerich 1978 in den Sedimenten eines ehemaligen Flusses in Pakistan den fünfzig Millionen Jahre alten Schädel des ältesten bekannten Wales, des *Pakicetus*. Der Schädel wies die langen Kiefer der späteren Wale auf, aber er hatte ausgeprägte Zähne: Seine massiven, dreieckigen, mehrhöckrigen Mahlzähne glichen denen einer Gruppe jetzt ausgestorbener Säugetiere, die Mesonychiden genannt werden.

Diese Mesonychiden waren ein Widerspruch in sich: Es waren fleischfressende Huftiere. Sie entstanden vor über sechzig Millionen Jahren, kurz nachdem die Dinosaurier verschwunden waren, und waren eine Nebenlinie jener Tiere, die später zu Rindern, Schweinen und dem heutigen Hochwild wurden. Vor etwa 35 Millionen Jahren verschwanden die Mesonychiden vom Land. Aber Gingerich glaubt, dass Nachkommen von ihnen in den Meeren und Flüssen der Welt herumschwimmen: die Wale und Delfine.

Der *Pakicetus* war quasi weder Fisch noch Fleisch: Er gehörte nicht richtig aufs Land, aber auch nicht ganz ins Wasser. Er musste den Kopf über Wasser halten, um gut hören zu können. Seine Ohren waren noch nicht, wie es bei den heutigen Walen und Delfinen der Fall ist, auf das Hören unter Wasser ausgerichtet. Und die Beschaffenheit seiner Ohrknochen legt die Vermutung nahe, dass er nicht tief tauchen konnte, weil sonst die Trommelfelle geplatzt wären. Gut möglich, dass der *Pakicetus* noch ziemlich viel Zeit an Land zugebracht hat, wie es auch Otter und Robben tun. Vielleicht hat er sich, wie sie, an Land gepaart und dort auch seine Jungen zur Welt gebracht.

Nach der Größe des Schädels zu urteilen, so Gingerich, kann der *Pakicetus* etwa 15 Meter lang gewesen sein. Aber das ist reine Spekulation. Vom Rest des Skeletts wurde nie etwas gefunden.

Im Dezember 1989 machten Gingerich und sein Team dann eine Entdeckung, auf welche die Paläontologen ein Jahrhundert lang gewartet hatten. Sie fanden in der Wüste des Zeuglodon-Tals in Ägypten einen Wal mit Beinen.

Das Tier war seit 1835 unter dem Namen *Basilosaurus isis* bekannt. Dutzende unvollständiger Skelette dieses 15 Meter langen Tieres waren in diesem Tal, das vor vierzig Millionen Jahren eine seichte Bucht gewesen war, schon ausgegraben worden. Gingerich hatte nicht nach Beinen Ausschau gehalten, aber da waren sie: Oberschenkelknochen, Kniegelenk, Unterschenkel, Knöchel, Füße und vier Zehen. Das war der Beweis: Wale konnten einst gehen.

1993 gab es eine weitere erstaunliche Entdeckung. In Flussbettablagerungen nicht weit von der Stelle, an der man *Pakicetus* gefunden hatte, grub Hans Thewissen mit seinem Team das Unmögliche aus: einen Wal mit Hufen. Er war vielleicht eine Million Jahre jünger als der *Pakicetus*.

Thewissen nannte sein Fossil *Ambulocetus natans* – Schwimmender Gehwal. Die versteinerten Mollusken an seinem Ausgrabungsort zeigten, dass er in einem seichten Meer gelebt hatte. Die Größe der gefundenen Knochen lässt darauf schließen, dass er etwa so groß war wie ein Seelöwenbulle und vielleicht sechs Zentner wog. Seine vorderen Gliedmaßen waren zu Flossen geworden, aber die vierzehigen Hinterbeine hatten unzweifelhaft Hufe, fast wie die eines Schweines.

Wie hat er ausgesehen? Wie hat er sich bewegt? Was hat er gefressen? »Der *Ambulocetus* sieht wie die Säugetier-Version eines Krokodils aus«, sagt Gary, der sich im Geiste gerade im frühen Eozän befindet. »Er liegt im flachen Wasser und wartet auf etwas zu fressen. Vielleicht lauerte er an den Mündungen der Flüsse. Er fraß Fische und vielleicht auch andere Säugetiere, wenn sie kamen, um zu trinken.«

Die Wale, die im Eozän lebten, glichen also den heutigen Walen und Delfinen nicht. Was war die nächste Entwicklungsstufe? Das weiß niemand. Denn dann gibt es, was Wal-Fossilien anbetrifft, eine Lücke von über zehn Millionen Jahren, fast das ganze Oligozän lang. Erst am Ende dieser Epoche tauchen wieder Wale aus den Sedimenten alter Meeresgründe auf. Und schon haben sie sich wieder verwandelt. Die frühen Wale sehen wie der primitive *Inia* des heutigen Amazonien aus: ohne Hinterbeine und mit breiten Flossenhänden, die für das Leben in flachen Gewässern hervorragend geeignet sind.

Später fragte ich Gary einmal, was er von Don Jorges Geschichten hielte. Er lachte.

»Wir Wissenschaftler denken gern, dass zwischen uns und solchen Geschichtenerzählern Welten liegen«, sagte er. »Aber der Hauptunterschied ist, dass wir unsere Geschichten Hypothesen nennen.«

Die Wissenschaft sucht, genau wie die Mythologie, die Zusammenhänge in der Welt zu erkennen – die Verbindungen zwischen Reptilien und Vögeln, zwischen Landsäugetieren und den Wasser bewohnenden Delfinen, und eben auch zwischen den Gebeten bei der Aussaat und der Qualität der Ernte, zwischen guten und bösen Taten und Belohnungen und Strafen.

Mythen haben durchaus Auswirkungen auf die Praxis: Der Bufeo wird nicht gejagt, weil die Leute sich vor ihm fürchten. Mit Sicherheit erzielte die Geschichte von Curupira eine erzieherische Wirkung und trug zur Erhaltung der Wildbestände bei.

Jorges und Garys Geschichten ergänzen sich: Die wandlungsfähigen Delfine der beiden entstammen verschiedenen Epochen. Die eine Geschichte erzählt uns, dass die Wale auf dem Land lebten, eine Wandlung durchmachten und ins Wasser glitten; die andere, dass die Delfine aus dem Wasser kommen, sich verwandeln und auf dem Land gehen. Beides ist gleichermaßen fantastisch. Und beide Geschichtenerzähler versichern: Das ist nicht erfunden. Das ist wirklich wahr.

Es hat eine Zeit gegeben, als die Wale zu Fuß gingen. Und vielleicht hat es auch eine Zeit gegeben, als sie sich mit Menschen paarten. Es kommt vor, dass einem Bufeo der Weg abgeschnitten wird, wenn das Wasser zurückgeht. Dann kann er sich an den Wendepunkt in seiner Evolution vor fünfzig Millionen Jahren erinnern und mithilfe seiner großen, flügelähnlichen Flossen, die im Innern fünf Finger haben, auf dem Land dahinkriechen, zehn Meter vielleicht oder auch mehr, um wieder ins Wasser zu finden.

Magische Unterwasserwelt

»Die Delfine sind mächtig im Urwald«, sagte Moises. Er erzählte uns die Geschichte der Familie Vasquez.

Die Familie hatte eine schöne Tochter mit Namen Doselina. Vor 14 Jahren saß sie einmal auf der Veranda ihres Elternhauses, als ein Mann sie grüßte – ein Fremder. Er sagte, er sei aus einem Nachbardorf.

»Wo ist dein Kanu?«, fragte sie. Er sagte, er sei zu Fuß gekommen.

»Wie sah er aus?«, wollte ich von Moises wissen.

»Sein Gesicht war hell, so rosa wie das eines Amerikaners. Er hatte schwarze Schuhe, eine schöne Uhr und eine sehr gute Lampe.«

Natürlich verliebte sich das Mädchen in ihn. Die beiden wollten in wenigen Monaten heiraten. Aber sie hatte Angst, es ihrem Vater zu sagen, der sie streng bewachte. Das Paar konnte sich nur bei Nacht treffen, wenn der junge Mann kam und in ihr Bett schlüpfte. Aber als sich der Liebhaber eines Morgens fortstehlen wollte, wachte der Vater auf und erschoss ihn.

Die Leiche wurde nie gefunden. Aber am nächsten Tag fand der Vater einen rosa Delfin tot am Ufer. Das Mädchen sah seinen Verehrer nie wieder.

Ein Jahr später war sie mit dem Kanu auf dem Fluss unterwegs, als ganz plötzlich ein eigenartiger Wind aufkam und ihr Boot zum Kentern brachte. Auch ihre Leiche blieb verschwunden. Aber in der Nacht darauf hatte ihr Vater einen Traum. »Ich wollte deine Tochter heiraten«, sagte ein blasser Mann im Traum zu ihm, »aber du hast mich getötet. Jetzt sind deine Tochter und ich endlich vereint.«

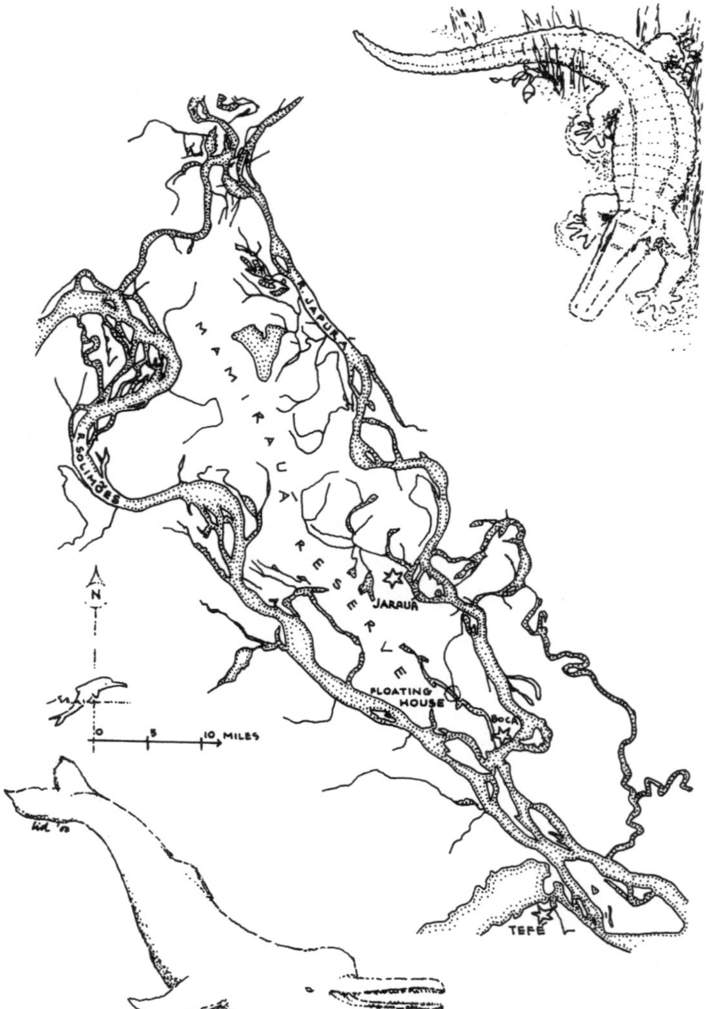

Mamiraué-Reservat

Alles eine Frage der Frequenz

Um elf Uhr in der Nacht weckte ich Dianne mit einem Kinderreim: »In der Stube des Bettelmanns, heidideldum ...«

»... da tanzen die Mäuse auf der Tischplatte rum«, ergänzte sie schlaftrunken.

»Falsch geraten«, sagte ich. »Keine Mäuse – eine Ratte. Und nicht auf der Tischplatte, sondern auf mir.«

Zum dritten Mal innerhalb von fünf Minuten war eine Ratte über das Leintuch gelaufen, mit dem ich mich zugedeckt hatte. Immer kam sie vom Fußende her und lief an mir hinauf, bis ich sie vom Bett stieß. Ich lag oben in unserem Stockbett, aber die Höhe des Falles beeindruckte die Ratte offenbar nicht; sie schien entschlossen weiterzumachen.

Wir waren im Gebäude des Projecto Mamirauá untergebracht. Als ich unser Gepäck im Zimmer verstaute, hatte ich die Ratte bereits bemerkt, hatte allerdings meinen Mund gehalten. Die Anlage, in der wir übernachteten, beherbergte auch drei Manatis, einen riesigen Amazonas-Otter und einen weißen Uakari-Affen – lauter Waisen, die vom Personal des Projekts gerettet worden waren. Und wo es Tierfutter gibt, da gibt es oft auch Ratten, das wusste ich. Aber ich mag Ratten eigentlich ganz gern. Ich hatte angenommen, sie würden uns nicht belästigen. Und ganz bestimmt hatte ich nicht damit gerechnet, eine bei mir im Bett zu haben.

Vor ein paar Minuten hatte ich noch gedacht, dieser Tag könne nicht mehr schlimmer werden. Doch wie so oft, hatte ich mich getäuscht.

Vor ein paar Tagen waren Dianne und ich nach Manaus geflogen. Es war jetzt Ende August, und ich war immer noch von der Idee besessen, den Delfinen zu folgen. Dafür schien es nur eine einzige Möglichkeit zu geben: Ich musste den Tieren folgen, die Vera mit einem Sender versehen hatte. Die lebten in Mamirauá, 750 Kilometer westlich. Mamirauá ist mit etwa elftausend Quadratkilometern das größte Überschwemmungswald-Reservat der Welt, gelegen am Unterlauf des dunklen Rio Japurá, wo er in den hellen Solimões mündet.

Wir hatten Vera nicht benachrichtigen können, dass wir kommen wollten. Wochenlang hatten wir vergeblich versucht, sie per Fax, Telefon oder E-Mail zu erreichen. Jetzt begann die Trockenperiode, und das musste eine günstige Zeit sein, um Delfine zu verfolgen, weil sie sich nicht mehr über ein so weites Gebiet verteilten. Aber in diesem Jahr hatte El Niño alles durcheinandergebracht, und es war so trocken, dass die Wasserkraft nicht mehr ausreichte und Stromausfälle an der Tagesordnung waren. Das war der Grund dafür, dass wir mit Vera keinen Kontakt aufnehmen konnten. Wir hatten beschlossen, trotzdem nach Brasilien zu fahren. »Besser als in den USA sind unsere Chancen, Delfine zu sehen, in Brasilien auf alle Fälle«, sagte ich zu Dianne.

Als wir im INPA ankamen, war Vera vollauf mit einer Tagung beschäftigt. Sie konnte uns nicht nur nicht nach

Mamirauá begleiten, sie wusste nicht einmal so recht, wo ihr Telemetrie-Empfänger war, in solcher Hast hatte sie gepackt. Erst vorige Woche war sie in Mamirauá gewesen und hatte vergeblich nach ihren mit Sendern versehenen Delfinen Ausschau gehalten. Von allen neun Sendern, die sie ursprünglich mit Klammern an den Rückenfinnen von Delfinen befestigt hatte, schienen nur drei zu funktionieren. Die anderen waren verloren gegangen oder die Batterien waren leer. In den ganzen acht Tagen, die sie da war, hatte Vera kein einziges Signal aufgefangen. Vielleicht waren die letzten drei Sender auch hinüber. Immerhin hatten sie sieben Monate lang funktioniert – und das war schon viel.

Teils nimmt Vera die Daten vom Boot aus auf; es gibt aber auch drei Telemetrie-Masten, die an strategisch günstigen Punkten an den Eingängen zu großen Seen platziert sind und aus drei Metern Höhe automatisch die Signale registrieren, wenn mit Sendern versehene Delfine daran vorbeikommen. Vera hatte die Daten, die sie in sieben Monaten Arbeit gesammelt hatte, noch nicht vollständig analysiert. Aber die bisherigen Ergebnisse schienen zu belegen, dass die Delfine am Tag nur Entfernungen von bis zu zehn Kilometern zurücklegen und dass sie das ganze Jahr über im Gebiet von Mamirauá bleiben.

Die automatische Datenaufnahme erleichterte Vera zwar die Arbeit, sie hatte jedoch auch ihre Tücken. Einer der Masten war von Mörderbienen besiedelt worden, sodass Vera sich eine Imkerausrüstung hatte besorgen müssen, um die Daten zu holen. (Ihr war schon klar, dass sich angesichts dieser Ausgabe bei der INPA so manche Augenbraue heben würde: ein Imkeranzug für ein *Delfin*-Projekt?) Im Juni war sie hinaufgestiegen, um die Daten aus dem Empfänger abzuholen, und hatte festgestellt, dass er voller Honig war. Ein anderer Empfänger befand sich auf einer Plattform hoch auf einem Baum, der von Hunderten großer, bissiger Ameisen bevölkert war. »Wenn man hinaufsteigt, sind die Ameisen nicht so schlimm«, sagte Vera. »Aber wenn man wieder runter will, werden sie richtig böse.« Vera erwähnte, dass der Baum einen vorzüglichen Aussichtspunkt böte, von dem aus man vorbeikommende Delfine beobachten könnte. »Ihr solltet vielleicht hinaufsteigen«, meinte sie. Dianne und ich blickten uns an und dachten: vielleicht lieber nicht.

Sie gab uns die Telefonnummer von Márcio Ayres, einem brasilianischen Wissenschaftler, dessen Studienobjekt die weißen Uakari-Affen sind, die es sonst nirgends auf der Welt gibt. Nach vielen vergeblichen Versuchen brachten wir endlich eine Telefonverbindung mit Mamirauá zustande; Márcio Ayres lud uns ein, und wir buchten einen Flug nach Tefé, einer kleinen Stadt in der Nähe des Reservats.

In Tefé lief zunächst alles wie gewünscht. Im Büro des Projecto Mamirauá begrüßten uns zwei liebenswürdige Wissenschaftlerinnen, Miriam Marmontel und Andrea Piris, in perfektem Englisch und arrangierten alles für uns: Ein Schnellboot würde uns zum größten der sechs schwimmenden Häuser im Reservat bringen. Wir bekamen zwei Helfer zugeteilt – tüchtige, erfahrene Männer aus der Gegend, beide mit Namen Antonio. Miriam würde uns in einem zweiten Schnellboot zum Reservat begleiten. Und zu meiner freudigen Überraschung war Miriam bereit, uns drei Tage lang ihre eigene Telemetrie-Ausrüstung zur Verfügung zu stellen.

Andrea begleitete uns zum *supermercado*, wo wir für uns und die Antonios die nötigen Vorräte einkaufen wollten. Was die Männer wohl am liebsten essen, fragte ich.

»Ihr müsst auf jeden Fall vier gefrorene Hähnchen mitnehmen«, sagte Andrea.

Was auch sonst.

Wir kauften außerdem große Säcke Mehl und Reis, Kartoffeln, Tomaten, Zwiebeln, Eier und getrocknete Bohnen, Rindfleisch, Sardinen und Thunfisch in Dosen, Öl zum Kochen, Salz, Kaffee, Käse, Brot, Kekse, Milchpulver, Spaghetti, Tomatensoße, Orangen, Limonen, Äpfel und ein Getränkepulver, das abscheulich schmeckte, wie sich bald herausstellte. Gatorade-Pulver und gefriergetrocknete Nahrungsmittel hatten wir aus den USA mitgebracht.

Wir luden unsere Ausrüstung nachmittags in die zwei Schnellboote und nahmen Kurs auf das zweistöckige schwimmende Haus, das unsere Basis sein sollte.

Nach ein paar Minuten schon sahen wir den ersten Boto: Eine große rosa Rückenfinne hob und senkte sich einige Male direkt vor uns, als wir aus dem See von Tefé in die Wasserstraße einbogen, die zum Solimões führt. Hier treffen helles und dunkles Wasser aufeinander, deswegen jagen die Delfine hier gerne, wie Miriam uns erklärte.

Dann noch eine Finne, eine dunkle, und noch eine, diesmal grau. Wir jubilierten. Mindestens drei, wenn nicht fünf Delfine tauchten rings um uns auf und bliesen.

Gleich darauf streikte mein Boot. Antonio versuchte es zu reparieren, aber der Schaden war nicht zu beheben. Wir mussten uns ins Bootshaus des Mamirauá-Projekts zurückschleppen lassen. Das Projekt sei großzügig ausgestattet, erklärte Miriam, mit fünf Hausbooten für längere Ausflüge mit Übernachtung und zwölf Schnellbooten. »Aber natürlich«, sagte sie, »funktionieren nicht alle.« Natürlich.

Morgen würden wir ein anderes Boot bekommen. Dianne und ich konnten im Bürogebäude übernachten. Wir verstauten unsere unzureichend verpackten Vorräte im Bootshaus, wo sie, da war ich mir ziemlich sicher, von Ratten gefressen würden. Die kostbaren gefrorenen Hähnchen nahmen wir mit ins Büro, in dem es einen Gefrierschrank gab. Wir gingen bald ins Bett.

Nur um wenige Stunden später vom Rattenalarm geweckt zu werden.

Gemeinsam scheuchten wir die Ratte ins Bad und schlossen die Tür. Minuten später lief mir wieder eine Ratte die Beine herauf. Auch sie musste ins Bad. Da wollte die erste wieder entwischen. Dianne schlug die Tür so schnell zu, dass die Ratte keine Chance hatte.

Schließlich nahmen wir Schlaftabletten. Wenn die Ratten unbedingt darauf bestanden, zu uns ins Bett zu kommen, sollten sie doch. So würden wir es wenigstens nicht merken.

Am nächsten Tag erreichten wir mit unserem neuen Schnellboot in einer Stunde das Dorf Vila Alencar, wo wir den zweiten Antonio abholten. Dann unterbrachen wir die Fahrt ein weiteres Mal an einem schwimmenden Haus am Zusammenfluss zweier Wasserläufe, um den Wächter, der dort wohnte, zu begrüßen. Miriam und die Antonios schwatzten eine geschlagene Dreiviertelstunde mit ihm, während der Himmel dunkler und dunkler wurde.

»Chovendo?«, fragte ich. Regen?

»Não, não«, versicherten die Antonios einstimmig.

Ich war nicht recht überzeugt.

»Sollten wir nicht sehen, dass wir weiterkommen, bevor es regnet?«, fragte ich Miriam.

»Nein – sie sagen, es wird nicht regnen.«

»Mein Poncho ist irgendwo in deinem Boot«, sagte Dianne. »Ich such ihn heraus.«

»Nicht nötig«, versicherte ich. »Sie sagen, es wird nicht regnen.«

Endlich legten wir ab. Doch fast im selben Moment öffnete der Himmel seine Schleusen.

Der Regen rauschte in großen, schweren Tropfen auf uns herunter. Überall zuckten Blitze, krachend entlud sich der Donner. Mir fiel ein, was Vera einmal während eines Gewitters gesagt hatte: »Bis ich zum Amazonas kam, hatte ich nie erlebt, dass ein Mensch vom Blitz getötet wurde. Doch hier sind allein beim INPA schon drei Leute bei Gewittern umgekommen.«

Der Regen schmerzte wie Schrotkörner. Ich starrte zu Boden und musste hilflos zusehen, wie sich ein flacher See bildete. Wie das Wasser in unsere Plastik-Einkaufstüten eindrang, unser Brot aufweichte, unsere Kekse zu Matsch machte, die gefrorenen Hähnchen auftaute und unser Gepäck durchnässte – das Gepäck, in dem irgendwo, unauffindbar, unsere Ponchos verstaut waren.

Zwanzig Minuten später taumelten wir völlig aufgeweicht in unser Schwimmhaus. Aus den aufgetauten Hähnchen tropfte das Blut. Diannes Lippen waren ganz blau. Miriam sah erbärmlich aus. Die Antonios wirkten frosterstarrt. Wir brauchten etwas Heißes zu trinken, und zwar schnell. Ich rannte in die kleine Küche, um den Gasofen anzuzünden.

Aber das Wasser, das an mir heruntertroff, löschte ein Zündholz nach dem anderen.

»Man braucht jedes Mal eine ganze Schachtel, bis er brennt«, sagte eine Stimme mit britischem Akzent hinter mir. Erschrocken drehte ich mich um und musste feststellen, dass unser Schwimmhaus bereits bewohnt war, und zwar von vier britischen Wissenschaftlern.

Sie hießen uns freundlich willkommen, zündeten den Ofen an und kochten Kaffee für uns. Bald saßen wir alle um den großen Tisch und warteten darauf, dass der Regen aufhörte.

Mittags hatte sich der Himmel aufgehellt. Wir machten unsere erste Ausfahrt und fanden unser Boot bald von Delfinen umgeben. Es sah aus, als wollten sich die Wasser endlich für uns öffnen. Und so war es auch. Allerdings nicht so, wie wir gedacht hatten.

Wir wollten die drei Tage, in denen wir die Telemetrie-Ausrüstung zur Verfügung hatten, nach Kräften ausnutzen. Aber wir mussten zu unserem Schrecken erkennen, dass die Ausrüstung allein nicht reichte. Wir kannten die Radiofrequenzen der Delfine nicht. Jedes Tier hat seine eigene Frequenz. Wenn man einen Delfin mit Sender lokalisieren will, muss man seine dreistellige Nummer in eine Empfängerbox eingeben, die über ein Kabel mit einer Antenne verbunden ist. Man muss die Antenne senkrecht halten und in einem Bogen schwingen, um das entsprechende Signal aufzufangen. Ein Klicken im Kopfhörer zeigt an, dass der Delfin in der Gegend ist. Das Geräusch wird lauter, je näher man dem Tier kommt.

Miriam konnte uns glücklicherweise berichten, dass Vera die Frequenzen der Delfine hier in Mamirauá aufgeschrieben hatte – und zwar auf der Empfängerbox auf der

Telemetrie-Plattform am Eingang des Mamirauá-Sees, fast dreißig Meter hoch auf dem Apuí-Baum mit den riesigen, bissigen Ameisen.

Der Apuí war ein kräftiger, einladender Baum mit weitgebreiteten Ästen. An seinen Stamm waren rot und grün gestrichene Leisten genagelt, die Händen und Füßen Halt boten. Als wir hinter Miriam herkletterten, schauten wir vorsichtig nach den bissigen Ameisen aus. Wir entdeckten sie ziemlich bald: zweieinhalb Zentimeter lange, grauschwarze Insekten mit vorstehenden Kinnladen. »Ameisen!«, schrien wir im Chor. Der Stamm war ziemlich dicht besiedelt. Sie marschierten nicht in Kolonnen, sondern jede für sich. Das machte ein Ausweichen noch schwerer. Wenn wir eine zerdrückten, wurde eine Art chemische Sirene ausgelöst, welche die ganze Verwandtschaft alarmierte und zur Rache aufrief. Es war also entschieden klüger, sie nicht zu töten.

Vorsichtig stiegen wir auf, bei jedem Schritt übertrieben ängstlich darauf bedacht, die Ameisen nicht zu reizen. Tatsächlich hatte ich gar nicht so sehr Angst vor einem Biss, sondern vielmehr vor meiner Reaktion darauf. Wenn ich die Griffe ausließ, würde ich sehr schnell wieder unten sein. Das war auch Dianne nur allzu bewusst. Denn außer Spinnen fürchtet sie auch Höhen. Keine von uns hatte damit gerechnet, dass bei unserer Delfin-Expedition so viele faustgroße Spinnen und senkrechte Klettereien inbegriffen sein würden.

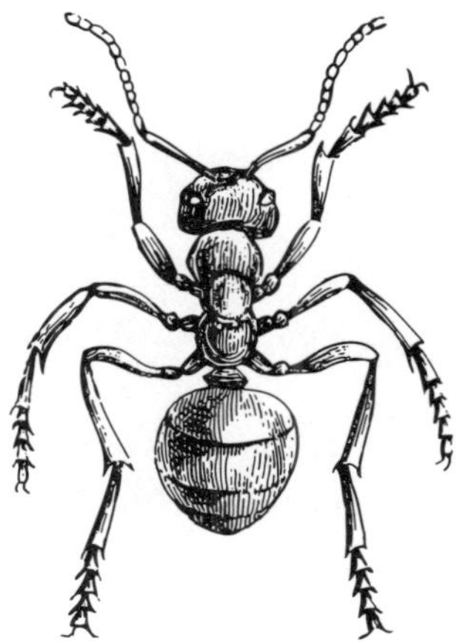

»Ich weiß, ich weiß«, sagte ich zu Dianne hinunter, »auch hiervon stand nichts im Reiseführer.«

»Wir sind schon fast da«, sagte Miriam aufmunternd. Sie war schon oft heraufgeklettert, um die Telemetrie-Daten ihrer Seekühe abzulesen. Gelegentlich hat sie auch von der Plattform aus beobachten können, wie Seekühe in den See kamen, wie ihre plumpen Gestalten auftauchten, um an Wasserhyazinthen zu knabbern. Wir hatten Miriam gefragt, was sie an diesen eigenartigen Geschöpfen fasziniere, und sie hatte geantwortet: »Sie sind so sanft – so groß und so sanft.«

Es gibt auf der Welt drei Arten dieser friedlichen Grasfresser. Sie wurden und werden rücksichtslos gejagt, weil man ihr Fleisch, ihr Fett und ihr Fell brauchen kann. Ich war froh, dass sie wenigstens Miriam auf ihrer Seite hatten.

Und ich war froh, dass *wir* Miriam auf unserer Seite hatten. Sie wirkte so stark und zuverlässig, dass wir vertrauensvoll hinter ihr herkletterten. Als ich endlich die Plattform erreichte, sah ich geradewegs in die roten Augen zweier Hoatzins, die unfreundlich zurückstarrten. Sie saßen in ihrem Nest, nur drei Meter von mir entfernt, richteten ihre eigenartigen orangefarbigen Schöpfe auf und zischelten wie Schlangen.

Von unserem Platz in der Baumkrone hatten wir einen wunderbaren Blick über den Mamirauá-See. Die Radioantenne kann in dieser Höhe Signale aus einem Umkreis von fast fünf Kilometern empfangen. Alle zwanzig Sekunden tastet der Empfänger eine andere Frequenz ab; wenn er drei Signale hintereinander empfängt, bleibt er bei dieser Frequenz, verzeichnet die Signale und verfolgt so den Weg des Tieres. Ein Mikroprozessor mit Solarbatterie registriert die

Stärke der einzelnen Signale (aus der man auf die Entfernung schließen kann) und die Richtung, aus der sie kommen.

Gespannt klappten wir den Deckel des Empfängers auf, wie Piraten, die eine Schatzkiste öffnen. Und drinnen fanden wir zwei Listen mit Frequenzen: eine für Veras Delfine, eine für Miriams Seekühe. Ich schrieb mir die acht Delfinfrequenzen sorgfältig ab: 272, 424, 439, 575, 726, 769, 871, 891. Diese Zahlenkombinationen würden die Rätsel lösen, an denen ich mich so lange abgearbeitet hatte. Jetzt endlich, nachdem wir Wälder und Flüsse durchforscht hatten, auf Bäume gestiegen und ins Wasser gesprungen waren, Naturwissenschaftler und Schamanen befragt hatten – jetzt endlich würden wir unser Ziel erreichen. Endlich würden wir die Delfine verfolgen.

Zumindest glaubte ich das.

Der Blick unter die Oberfläche

Wir hatten nicht viel Zeit. Innerhalb von drei Tagen mussten wir drei Delfine mit Sendern in einer Population von 150 Tieren orten. In einem System von Wasserwegen, die sich Tausende von Kilometern durch das riesige Waldgebiet wanden und schlängelten, konnten sie überall sein.

Früh am nächsten Morgen brachen Dianne und ich auf; ein Antonio lenkte das Boot in Richtung Boca. Dort, wo unser Fluss in einen größeren mündete, würden wir Delfine finden. Ich setzte mir den Kopfhörer auf und nahm die Antenne in die Hand.

Noch bevor wir Boca erreicht hatten, umringten sie schon unser Boot. Antonio stellte den Motor ab, damit wir sie beobachten konnten. Das Wasser war trübe, wir konnten nicht unter die Oberfläche sehen. Aber diesmal wirkte es fast, als wollten die rosa Delfine sich uns zeigen. Wir konnten die Rückenfinnen und die Oberköpfe klar erblicken. Und anders als am Tahuayo und am Zusammenfluss von Amazonas und Rio Negro, tauchten sie oft nebeneinander auf, was das Zählen leichter machte.

Es waren acht, wie mir Antonio bestätigte. Zum ersten Mal konnte ich Unterschiede im Aussehen erkennen. Einer war sehr groß und rosa. Es gab zwei graue Junge, ein anderes Junges war überraschenderweise kräftig rosa. Einer der erwachsenen Delfine hatte eine L-förmige Narbe an der Rückenfinne; das war einer von den 14 Delfinen, die Vera anhand von besonderen Kennzeichen unterscheiden konnte. Es war ein Männchen, Vera hatte ihm den Namen Scar und die Nummer eins gegeben. Vera hatte Zeichnungen von diesen besonderen Kennzeichnungen angefertigt, und auf dem Papier wirkten die verschiedenen Narben und Flecken leicht erkennbar: Bei Nummer acht, Meia-lua, fehlte ein halbmondförmiges Stück aus der Rückenfinne; Nummer drei, Ruffles, war an einer Reihe ausgefranster Narben auf dem Kamm der seinigen zu erkennen; Nummer 13, Riscos, hatte gleich hinter dem Kopf zwei tiefe Kerben in der Haut. Vera hatte uns erzählt, sie hätte schon halbe Tage mitten zwischen den Delfinen verbracht, ohne ihre Rückenfinnen richtig zu Gesicht zu bekommen. Wir hatten wirklich Glück. Wir bemerkten, dass einer der Delfine ein Loch in der Finne hatte – da war wohl einmal ein Sender oder eine Plastikspange befestigt gewesen. Antonio konnte auch Shika identifizieren: Sie hatte ein X auf der Finne. Sie grüßte uns mit lautem Blasen.

Die Tiere kamen uns ganz nahe, einige bis auf drei Meter. Es sah aus, als wären sie zur Begrüßung herbeigeeilt – und vielleicht stimmte das sogar. Ganz bestimmt kannten sie die Projecto-Boote. Hunde und Eulen, die weit weniger fein hören als die Botos, erkennen in Vorstadtstraßen die verschiedenen Autos an den Geräuschen. Vielleicht kannten die Delfine sogar die Menschen, die normalerweise in diesen Booten saßen, denn sie schienen zu merken, dass wir Fremde waren. Jedenfalls hoben sich ein paarmal höher aus dem Wasser, um uns besser sehen zu können.

Ihre Furchtlosigkeit überraschte uns, denn sie hatten ja schon unangenehme Erfahrungen mit Menschen gemacht. Wenn man einen Delfin mit einem Sender versehen oder markieren will, muss man ihn mit einem Netz bändigen, für eine knappe halbe Stunde aus dem Wasser holen und einem kleinen Eingriff unterziehen. Daran ist noch nie ein Delfin gestorben, hatte Vera uns versichert, aber ganz gewiss empfinden sie Angst und Schmerz dabei. Auch für die Wissenschaftler ist dies sehr aufregend und obendrein gefährlich. Bei Niedrigwasser sind die Delfine leichter zu fangen, aber das ist auch die Zeit, wo die Piranhadichte besonders groß ist. Da springt keiner gern ins Wasser.

Außerdem beißen die großen Delfinbullen – die einzigen, deren Rückenfinnen groß genug sind für einen Sender – um sich, wenn sie sich angegriffen fühlen. Und mit ihren 130 Zähnen, die stark genug sind, um einen Panzerwels zu zermalmen, sind sie so gefährlich wie Haie. »Es ist unglaublich, welche Kraft sie in den Kiefern haben«, hatte Vera uns in Manaus erzählt. Sie bindet ihnen den Schnabel immer mit Nylonstrümpfen zu. Aber auch dann sind sie noch gefährlich. Ein gefangener Bulle hat sich einmal aufgebäumt und Vera mit dem Schnabel so heftig am Kopf getroffen, dass sie ein ganzes Stück zur Seite flog. Sie hatte Glück, dass sie ohne Schädelbruch davonkam, aber ihr Gesicht sah wochenlang übel aus.

Wenn sie einen Delfin hat, wartet Vera zwei oder drei Wochen, bevor sie ihm folgt. Dann nähert sich ihr das Tier genauso unbefangen wie zuvor. Manchmal fährt sie mit dem Boot eine Acht auf dem See. Das lockt die Botos an, sagt sie. »Sie kommen ganz nahe, schwimmen eine halbe Stunde lang neben dem Boot her und amüsieren sich. Es ist ein Spiel für sie.«

Delfine spielen überhaupt gern. Ein Forscher berichtet, er habe gesehen, wie ein Flussdelfin eine Schildkröte immer wieder wie einen Ball in die Luft stieß. Was die Delfine an den Menschen fasziniert, ist, dass sie, anders als die Schildkröte, mitspielen. Beide Seiten sind gleich neugierig aufeinander. So war es auch diesmal, als die Botos unser Boot dicht umgaben.

Sie blieben eine Dreiviertelstunde bei uns. Wir verzeichneten 135 Beobachtungen – und sie vielleicht genauso viele von uns –, bevor wir uns trennten. Wir fuhren weiter in Richtung Boca, um die Delfine, die Sender trugen, aufzuspüren. Dianne rollte ihre Ärmel und Hosenbeine auf, um noch brauner zu werden, während ich fühlte, wie meine Haut sogar unter der Kleidung verbrannte. Unter meinem Kopfhörer quoll der Schweiß so stark, dass er mir in die Ohren lief. Langsam schwang ich die Antenne hin und her und horchte angestrengt. Immer noch kein Signal.

Aber nur zehn Minuten später umgab uns schon eine neue Gruppe: ein erwachsenes Tier, grau und rosa marmoriert, ein dunkelgraues Junges, dann wieder ausgewachsene Tiere, eines dunkelgrau, eines sehr groß und sehr rosa, und ein paar kleinere graue. Wir zählten über zehn Exemplare und konnten es kaum fassen. Noch nie hatten wir in so kurzer Zeit zwei so große Gruppen gefunden. Auch in der Literatur wird fast immer berichtet, dass Flussdelfine normalerweise einzeln auftreten, außer wenn es sich um eine Mutter mit Kind handelt. Nur im Río Apure in Venezuela hat man Gruppen zwischen zwei und sieben Tieren angetroffen.

Es kamen noch mehr Delfine – nach einer halben Stunde waren es mindestens 15. Wir waren uns ziemlich sicher, dass auch Tiere aus der ersten Gruppe, die wir getroffen hatten, dabei waren. Wir waren ausgezogen, um ihnen zu folgen – nun waren sie es, die uns folgten.

Begriffen sie, dass wir ihretwegen gekommen waren? Ich überlegte, wie ich sie grüßen könnte. Schließlich klopfte ich an die Bordwand. Ich dachte, sie würden vielleicht den Kopf heben und sich neugierig umsehen. Aber zu meiner Überraschung entschloss sich einer, mein Geräusch mit einem anderen zu *beantworten*: Er stieß eine große Luftblase aus, die laut platzte. Es klang wie ein gewaltiger Rülpser. Ich klopfte wieder und unsere Unterhaltung setzte sich fort. Innerhalb von fünf Minuten registrierten wir sechs solche Rülpser als Antwort auf die Klopfzeichen. Dieses Blubbern war etwas ganz anderes als die champagnerartig feinen Luftbläschen, mit denen die Delfine in jener Mondnacht in Peru unser Boot umgeben hatten.

Jahre später beobachteten wir einmal im Zoo von Pittsburgh den einzigen Boto, der in den USA in Gefangenschaft lebte. Es war ein Bulle namens Chuckles. Er produzierte genau die gleichen rülpserähnlichen Luftexplosionen, und zwar ganz offensichtlich, um eine Reaktion hervorzurufen. Das gelang ihm immer. Kinder schrien und liefen davon; Erwachsene lachten und deuteten mit dem Finger auf ihn. Und Chuckles amüsierte sich prächtig.

Nach sechs Rülpsern kehrten die Botos zu ihrem üblichen Verwirrspiel zurück: Einer kam an die Oberfläche und blies, wir schnellten herum und sahen ihn verschwinden; der Nächste kam an der anderen Seite herauf, und kaum schrien wir: »Schau!«, da verschwand er schon wieder. Es erinnerte mich an das Blindekuhspiel aus meiner Kindheit, bei dem man dem Fänger die Augen verband und alle anderen versuchten, außerhalb seiner Reichweite zu bleiben.

Aber zum Blindekuhspielen waren wir eigentlich nicht gekommen. Wir sollten mit der Telemetrie arbeiten und einzelne Botos identifizieren. Doch irgendwann nahm ich die Kopfhörer ab und gab mich ganz dem Vergnügen an ihrem Spiel hin. Ich glaubte zu fühlen, was sie empfanden: die Berührung von glatter Haut mit glatter Haut, den Kuss von Luft, Wind und Sonne auf dem gewölbten Rücken, die Umarmung des kühlen Wassers. Immer wieder tauchten sie auf und ab, glitten zeit- und gewichtslos zwischen Wasser und Luft dahin. Es ist kein Wunder, dass die Botos in den Geschichten der Leute als Liebhaber auftreten; in ihren geschmeidigen Bewegungen scheint viel sinnlicher Genuss zu liegen, Zartheit und Kraft und Freude am Leben.

Stunde um Stunde saßen wir so im Boot in der prallen Sonne. Der Schweiß hatte mir Haare und Kleidung, ja sogar die Schuhe durchnässt. Er rann mir in Augen und Mund, aber das alles merkte ich erst, als die Botos uns verließen. Mit einem Mal fühlte ich mich ganz leer, und Tränen brannten in meinen Augen.

Doch sie kamen zurück. Den gesamten Vormittag und am Nachmittag umgaben die Delfine unser Boot, eilten herbei, wie um uns zu umarmen, schwammen weg, tauchten, kamen wieder, als ob sie mit uns flirten wollten. Wir verloren jegliches Zeitgefühl. Dianne bekam kein gutes Foto zustande, ich hörte kein Telemetrie-Signal. Und doch hatten wir das Gefühl, dass das Wasser sich für uns öffnete - und uns schließlich voll und ganz verschlang.

Ein großes graues Delfinweibchen tauchte so nah beim Boot auf, dass ich es hätte berühren können. Das Blasloch am Oberkopf öffnete sich und ich starrte in seinen lebensvollen Abgrund, sog den feuchten Atem ein.

Am nächsten Morgen versuchte ich es wieder mit der Telemetrie, aber obwohl wir viele Delfine sichteten, gelang es mir nicht, ein Signal aufzufangen.

Gegen zwei Uhr holten uns Miriam und Andrea mit dem großen Hausboot *Uakari* ab. Wir wollten nordwärts nach Jarauá. Auf der Fahrt saßen wir alle vier auf dem gelben Dach der *Uakari*. Miriam und ich schwenkten die Telemetrie-Antennen und suchten die Wasserwege nach Delfinen und Seekühen ab.

»Früher glaubten wir, dass die Delfine wandern und die Seekühe nicht«, erzählte Miriam. »Aber es ist genau umgekehrt. Die Seekühe wandern ganz beachtliche Strecken.«

Sie hatte 1994 mit ihrem Telemetrie-Projekt begonnen und hatte inzwischen sechs Seekühe mit Sendern versehen, die mit Riemen um den paddelartigen Schwanz befestigt wurden. Sie entdeckte, dass die Seekühe von Mamirauá sich über hundert Kilometer aus dem Reservat entfernen. Sie ziehen weg, wenn die Trockenzeit beginnt – wie es eben jetzt der Fall war. Sie wandern allein, zu verschiedenen Zeiten, auf verschiedenen Wegen, zu verschiedenen Zielen. Eine Seekuh kann sogar jedes Jahr ein anderes Ziel ansteuern. Eins ihrer Studienobjekte, ein Bulle namens Zé Taboca, verbrachte eine Trockenzeit im Solimões, die nächste im Mamirauá-See. »Es ist erstaunlich«, sagte Miriam. »Sie halten sich zum Beispiel sechs Monate im Oberlauf des Solimões auf und dann zwei Monate im lebhaften Unterlauf, wo es eine Menge Fischer und viel Bootsverkehr gibt, und dabei hält man sie allgemein für scheu.«

Niemand weiß bisher, warum die Seekühe wandern, warum sie wann aufbrechen und was sie am Ziel ihrer Wanderschaft tun. »Seekühe gelten als dumm«, sagte Miriam, »weil sie langsam sind. Aber ich bin sicher, sie haben gute Gründe für ihr Verhalten.«

Im Reservat von Mamirauá hofft man auf ein Wunder: Man hoffte, dass die Menschen lernen, in einem Überschwemmungswald zu leben, ohne ihn zu zerstören, ja dass sie sogar bereit sind, zu seinem Schutz beizutragen.

Auf unseren Bootsfahrten kamen wir an ihren Siedlungen vorbei. Die Bewohner, *caboclos* genannt, haben sowohl indigene als auch portugiesische Vorfahren, genau wie in Tamshiyacu. Sie leben sehr einfach. Ihre Häuser sind aus Holz, mit Blech gedeckt und haben meist nur drei Räume. Die meisten stehen auf Pfählen, aber es gibt auch schwimmende Häuser. Die Böden in den Pfahlhäusern können nach oben verlegt werden, wenn das Wasser ungewöhnlich hoch steigt. Wer Kühe oder Schweine hat, baut ihnen einen schwimmenden Stall oder nimmt sie mit ins Haus. Normalerweise schläft die ganze Familie – mit durchschnittlich fünf Kindern – in einem gemeinsamen Schlafraum. Das durchschnittliche Familieneinkommen liegt bei neunhundert Dollar, wovon hauptsächlich Salz, Zucker, Speiseöl, Milchpulver und Seife gekauft wird. Nicht wenige haben auch schon Fernsehapparate, die zeitweise über einen Dorfgenerator Strom bekommen oder mit Solarstrom betrieben werden, und über die sie Nachrichten aus aller Welt empfangen – oder mit verlockenden Konsumgütern bekannt gemacht werden.

Der erste Schritt bei der Einrichtung eines Reservats ist meist die Absiedlung der dort lebenden Menschen, zumindest in die Rand- oder Pufferzonen. Hier hat Mamirauá einen neuen Weg gesucht, wie Andrea uns erklärt.

Die Leute jagen zwar ohne Rücksicht auf gesetzliche Verbote Seekühe, sie jagen und essen gefährdete Schildkröten. Sie fischen in den Wasserwegen des Reservats und fällen Bäume. All das erlaubt ihnen das Regelwerk von Mamirauá. Denn, so argumentiert man, wenn die Menschen erst begreifen, dass die natürlichen Reichtümer des Reservats ihnen gehören, dann werden sie diesen weiten Waldozean mit all seinen Seekühen, Delfinen, Fischen, Schildkröten und Bäumen besser schützen als angestellte Wächter.

Und tatsächlich setzen sich die Bewohner des Reservats nun gegen die kommerzielle Fischerei zur Wehr. Die Überwachung der Seen durch einheimische, vom Dorf gewählte Wächter erweist sich als effektiv.

Vertreter aller 53 Dörfer von Mamirauá haben die Gewässer von Mamirauá in Zonen aufgeteilt. Manche Seen sind völlig geschützt, andere dienen der Fischerei für den Eigengebrauch, in wieder anderen dürfen die Mitglieder der Gemeinschaft auch kommerziell fischen. Für die Holzfällerei gelten ähnliche Regeln: Sie ist strikt verboten auf den dammartigen Hochufern der Flüsse, wo die höchsten Bäume stehen. Bäume dürfen nur in der Hochwasserzeit gefällt werden, wenn die Stämme auf dem Wasser abtransportiert werden können, sodass der Waldboden nicht beschädigt wird. Der Wald ist in Sektoren eingeteilt, in denen nur alle dreißig Jahre Holz geschlagen werden darf.

»Es gibt eine Zeit im Jahr – in den Monaten Mai, Juni und Juli –, wenn alles überflutet ist, sodass man nichts pflanzen kann«, sagt Andrea. »Auch das Fischen ist schwieriger, weil die Fische sich im Wald verteilen. Da ist dann die Holzfällerei ein wichtiger Nebenerwerb. Den wollen wir ihnen nicht wegnehmen.«

Die Bäume werden mit Äxten geschlagen – nur reiche Leute haben eine Motorsäge. Die Kettensäge ist der Traum eines jeden Mannes im Wald. Aber auch mit Äxten allein kann man genug Schaden anrichten.

Das Projekt von Mamirauá wird weltweit mit Interesse verfolgt und auch materiell großzügig unterstützt. »Man beobachtet uns genau«, erzählt Miriam. »Wenn der Erfolg uns recht gibt, wird das Konzept anderswo übernommen werden.«

Aber es ist natürlich gut möglich, dass sich Eigennutz und Habgier auch in Mamirauá durchsetzen, dass die Bewohner selbst zu viel fischen, zu viele Bäume fällen. Sie träumen zwar nicht von großen Reichtümern, aber doch von einer Kettensäge, einem Bootsmotor, einem Fernsehapparat, von etwas mehr Fleisch auf dem Tisch.

»Wenn wir eine Seekuh sehen«, sagt Andrea, »und bedenken, wie lang sie braucht, bis sie erwachsen ist, ist es uns ein Rätsel, wie ein Mensch sie töten kann. Aber wenn man hier lebt und tagaus, tagein den gleichen Maniok isst, wird es schon begreiflicher.«

Am Mittag des nächsten Tages erreichten wir Jarauá, ein kleines Dorf aus schwimmenden Häusern mit Topfpflanzen auf den Decks und Scheunen auf Pfählen. Im Fenster eines Hauses hockte ein Papagei, auf dem Dach thronte eine Satellitenschüssel. Gänseähnliche Wehrvögel flohen, unablässig schreiend, vor uns in die Baumkronen. Sittiche schwirrten durch die Luft und die Sonne knallte wie ein Hammer auf die glitzernde Wasserfläche.

Nur ein halber Tag noch, dann würde ich Miriam die Telemetrie-Ausrüstung zurückgeben müssen. Wir hatten in den vergangenen zwei Tagen viele Delfine gesehen, aber keinen mit einem Sender. Vom Dach der gemächlich dahintuckernden *Uakari* aus hatten wir eine gute Aussicht und konnten Botos und Tucuxis, einzeln und in Gruppen, gut beobachten. Wir zählten auf der ganzen Fahrt von Boca bis Jarauá dreißig verschiedene Botos. Aber das hartnäckige Schweigen in meinem Kopfhörer belehrte mich, dass man in Amazonien selten das bekommt, was man erwartet.

In Boca besuchte ich mit Miriam den Schildkrötenforscher Augusto Terán, einen kleinen, lebhaften Peruaner, der hier Süßwasserschildkröten für seine Doktorarbeit studierte. Miriam übersetzte, als er auf Portugiesisch erzählte, dass er in der vergangenen Nacht 52 Schildkröten in seinen Netzen gefangen und dann markiert hatte. Er spannt die Netze sehr tief im Wasser, damit die Kaimane nicht darin hängen bleiben, und kontrolliert sie alle vier Stunden. Die Schildkröten kommen zwar sechs Stunden ohne Sauerstoff aus, aber die Piranhas können ihnen gefährlich werden. Begeistert zeigte er uns die Panzer der sechs Arten, die er hier gefunden hat.

Für eine Süßwasserschildkröte war der größte von ihnen wirklich riesig. Der Panzer der *Podocnemis expansa* kann fast neunzig Zentimeter lang werden. Diese Art frisst Blätter, Früchte und Samen und jagt Fische, Krabben und Krebse, erklärte Augusto. Er konzentriert sich vor allem auf die drei *Podocnemis*-Arten.

Er schilderte uns sein Vorgehen: Wenn er eine neue Schildkröte fängt, misst er sie, bohrt ein Loch in den Rückenpanzer und macht ein kleines gelbes Schild mit einer Zahl darauf fest. So kann er feststellen, wie schnell sie wachsen. Eine hatte im Januar dreihundert Gramm gewogen, und als er sie im September wieder fing, wog sie ein Drittel mehr: vierhundert Gramm. Wenn die Dorfbewohner seine markierten Schildkröten fangen, bringen sie sie ihm, damit er ihr Wachstum messen kann. Danach aber muss er sie den Fischern wieder mitgeben; andernfalls würden sie ihm die Tiere einfach nicht bringen. So wandern sie dann in den Kochtopf.

Auf diese Weise waren auch die Schildkröten geendet, deren leere Panzer wir nun in unseren Händen hielten – ein Schicksal, das jetzt ihre Existenz bedrohte. Die größte Art, jene *Podocnemis expansa*, ist in Mamirauá schon so gut wie ausgerottet. »Also wandten sich die Leute der nächstgrößeren Art zu«, erzählte Augusto. »Und jetzt ist es schon so weit, dass sie Jungtiere fangen. Die Menschen sind verrückt nach Schildkrötenfleisch.«

Schildkröten verhalten sich wie Seekühe, übersetzte Miriam. Sie verlassen die Seen, wenn das Wasser fällt, und die Leute spannen die Netze da, wo sie üblicherweise vorbeikommen. Die *Podocnemis*-Männchen bevorzugen seichtes Wasser, in dem man die Netze am leichtesten ausbringen kann; daher erwischt man auf diese Weise meist Männchen. Die Weibchen sind allerdings noch leichter zu fangen, da sie auf den sandigen Uferstreifen ihre Eier legen. So können auch gleich die Nester mit ausgenommen werden. Sieben leere Nester hat Augusto in letzter Zeit gefunden; davon waren zwei von Echsen ausgeraubt worden, fünf von Menschen.

Was noch schlimmer ist: Die Eier, die sich normalerweise zu Weibchen entwickeln, sind besonders gefährdet. Wie bei manchen anderen Reptilienarten auch, bestimmt sich das Geschlecht nach der Temperatur während der Brutzeit. In den Eiern, die es wärmer haben, entwickeln sich Weibchen. Je näher ein Gelege an der Oberfläche liegt, desto höher ist die Temperatur darin, und desto leichter ist es auch, dieses auszugraben. Augusto hatte gezählt, dass es heute entsprechend sechsmal so viele Männchen wie Weibchen gibt.

Während wir uns unterhielten, kam ein Fischer ins Büro, der eine große, strampelnde *Podocnemis unifilis* in den Armen hielt. Antonios Augen blitzten auf. Er wog und maß das Tier; es war 13,65 Kilogramm schwer und der Panzer maß 45,7 Zentimeter. Es war das größte Exemplar dieser Art, das er je gesehen hatte.

Wie lang hatte sie gebraucht, um so groß zu werden? Vielleicht 35 oder vierzig Jahre, meinte Augusto. Dann hatte sie also ungefähr mein Alter. Augusto legte sie auf den Rücken, spreizte ihr die Beine und untersuchte sie auf Eier. Diese Art kann mehr als 45 Eier auf einmal legen und in einer Saison drei Gelege produzieren. Aber dieses Weibchen war leer.

Ich stellte mir vor, wie sie kürzlich in einer mondhellen Nacht am Ufer entlanggekrochen war, auf der Suche nach einer passenden Stelle. Dann hatte sie zu graben begonnen. Ihre Hinterbeine und die hornigen Füße schleuderten den Sand nach hinten, bis die Grube etwa sechzig Zentimeter tief war. Dann legte sie Dutzende ledriger Eier in dieses kühle Loch und füllte es wieder mit Sand. Schließlich schleppte sie sich wieder ins Wasser – nur um einem Fischer ins Netz zu gehen.

Augusto redete auf Miriam ein. Er sprach portugiesisch, aber ich vermutete ganz richtig: Er wollte dem Fischer die Schildkröte abkaufen und sie freilassen.

Doch wenn er erst anfing, Schildkröten zu kaufen, würde bald ein schwunghafter Handel entstehen – das wusste er genauso gut wie Miriam. Trotzdem wollte er, dass dieses Tier am Leben blieb.

Mir ging es genauso. Vielleicht, schlug ich vor, könnte ich statt seiner den Handel tätigen?

»Dann ist eine einzige Schildkröte für den Augenblick gerettet«, sagte Miriam. »Da hat niemand etwas davon.«

»Diese eine Schildkröte hätte eine ganze Menge davon«, antwortete ich. »Aber ich will nicht gegen die Spielregeln verstoßen. Augusto soll entscheiden.«

Augusto fand die Idee nicht schlecht. Vielleicht würde es den Leuten zu denken geben, wenn ich die Schildkröte freiließ.

Also erkundigte ich mich nach dem Preis.

»Er denkt, sie ist fünfzig Reais wert.« Rund fünfzig Dollar.

Eine ungeheure Summe. Gary und ich hatten Don Jorge seine *Podocnemis* für weniger als fünf Dollar abgekauft. Glaubten die Fischer, sie könnten mich ausnehmen, weil ich Amerikanerin war? Nein, sagte Miriam. Schildkrötenfleisch sei hier so hoch geschätzt, dass Augusto einmal erlebt hatte, wie eine Schildkröte gegen eine Flasche Propangas getauscht wurde.

Ich hatte kaum mehr Geld übrig und zu Hause in den Staaten hatte ich bereits Schulden. Wir warteten auf Dianne und Andrea, um die Sache gründlich zu diskutieren. Dianne, so stellte sich heraus, war strikt gegen den Kauf. Das war zu erwarten gewesen. Sie hatte in Thailand und Borneo miterlebt, wie viel Unheil durch den Handel mit Wildtieren entstand, und hatte mitgeholfen, einen Händler hinter Gitter zu bringen. Sie fand die Vorstellung, dass dieses Prachtexemplar von einer Schildkröte aufgegessen werden sollte, genauso unerfreulich wie ich; aber der Handel mit wilden Tieren war in ihren Augen ein Krebsübel. Daran wollte sie sich nicht beteiligen, indem sie mir Geld lieh.

Ich war extrem verunsichert. Die *weißen* Menschen hatten hier bei allem guten Willen schon oft Unheil angerichtet, weil sie die Folgen ihres Handelns nicht abschätzen konnten. Die Entwicklungshelfer, die den *Caboclos* beibrachten, am Amazonas Vieh zu züchten und Mais anzubauen, waren überzeugt, den Menschen einen Dienst zu erweisen, genauso wie die Missionare, die den Ureinwohnern ihre Götter und ihre Sprache raubten. Aber die Welt hier funktionierte nicht nach den Regeln, die ich in den USA gelernt hatte.

Andrea plädierte dafür, sich nicht einzumischen. »Sollen sie sie essen«, sagte sie. Nach den Regeln des Reservats von Mamirauá dürfen die Einwohner Tiere zum eigenen Verbrauch jagen, selbst wenn es sich um geschützte Arten handelt.

»Aber können wir nicht mit gutem Beispiel vorangehen?«, fragte ich.

»Sie würden uns nur für verrückt halten. Außerdem hat sie schließlich ihre Eier schon gelegt.«

»Aber sie könnte noch einmal Eier legen«, sagte ich kläglich.

»Vielleicht ist sie dafür sowieso zu alt«, antwortete Andrea.

»Vielleicht kann sie den Jüngeren noch etwas beibringen«, sagte Augusto ohne rechte Hoffnung.

Die Sache war bereits entschieden. Ich war niedergeschlagen. Miriam hatte recht. Es war nur eine einzige Schildkröte. In der Dreiviertelstunde, in der ich versucht hatte, ihr Schicksal abzuwenden, war, wenn die Wissenschaftler richtig rechnen, ein Teil des brasilianischen Regenwaldes in der Größe von 315 Fußballfeldern zerstört worden. Der Großteil des Holzes würde an Kunden in den USA, Europa und Japan geliefert werden, und den Hauptteil des Gewinns würden Geschäftsleute in Malaysia, Indonesien, China, Südkorea und Singapur einstecken. Die Rettung einer einzigen Schildkröte hätte diese Ausbeutung im großen Stil nicht gestoppt. Vielleicht war das Konzept von Mamirauá ja dazu in der Lage.

Als wir wieder in unserem schwimmenden Haus waren, erzählten wir Peter von unserer Diskussion, und er sagte: »Deshalb arbeite ich bei diesem Projekt mit und nicht bei einem anderen. Die richtige Ausgangsbasis ist die Überzeugung, dass die Menschen wichtig sind. Ich stehe voll hinter Mamirauá, weil dieses Projekt weltweite Bedeutung hat. Meine Kinder und Enkel sollen wissen, dass ich ein Teil dieser Sache war. Ich wünsche mir sehr, dass das Projekt Erfolg hat.«

Dianne schloss die Diskussion. »Sie ist sowieso schon in den Wechseljahren«, sagte sie. »Schlagt sie tot! Ich bin hungrig.« Sie lachte ihr Seeräuberlachen und zündete sich eine Zigarette an.

Am nächsten Abend waren wir bei Ronis und seiner Frau Barbara zu Gast in ihrem schwimmenden Haus. Ronis hat sich auf Alligatoren spezialisiert und zeigte uns am Fernsehapparat ein Video, auf dem er einem Alligator den Magen ausspült.

Ronis hat dem Alligator ein Rohr zwischen den Kiefer geklemmt und ihm dann das Maul zugebunden. Er führt einen Schlauch in seinen Magen ein und schwemmt den Mageninhalt mit Wasser aus. Wie die Untersuchung zeigt, ernährt der Alligator sich hauptsächlich von Fischen aus der Familie der *Loricariidae*, genau wie die Delfine.

Mit einem Mal bäumt sich das eineinhalb Meter lange Reptil auf, springt vom Tisch und stürzt auf den Boden. Dabei fällt ihm das Rohr aus dem Maul und es beginnt zu schnappen.

»Das haben wir gleich«, erklärt Ronis ganz sachlich.

Auf dem Bildschirm schlägt der Alligator heftig mit dem Schwanz um sich. Ronis packt kräftig und zugleich behutsam zu; er ist sichtlich bemüht, ihn nicht noch mehr zu erschrecken. Man merkt ihm an, wie sehr er diesen starken, prähistorischen Tieren zugetan ist, und wie sehr er sich geehrt fühlt, dass er in ihrer Welt zu Gast sein darf.

Nach dem Film führte er uns in diese Welt ein. Wir bestiegen sein Boot, das grün gestrichen ist, damit es nicht auffällt und die Alligatoren nicht erschreckt. Auf dem Weg zum Alligatorensee schalteten wir unsere Stirnlampen aus, weil wir bemerkten, dass das helle Licht die Fische unruhig machte. Sie sprangen aus dem Wasser, so hoch, als wollten sie zum Mond. Ronis hat ein paar Schutzbrillen vorrätig. Es sei schon öfters vorgekommen, dass Gäste von springenden Fischen an den Augen verletzt wurden.

Wir fuhren in den See ein. »Während der Regenzeit kann es hier bis zu 2.600 Kaimane geben!«, sagt Ronis. Mamirauá hat die größte Alligatorendichte im ganzen Amazonasgebiet. Rings um uns starrten rote Augen in die Dunkelheit. Im Licht der Scheinwerfer sahen wir die großen gepanzerten Köpfe. Die Tiere lagen reglos.

Sie haben schon viel Zeit überdauert; ihre Ahnenreihe ist lang. Zeitloses Feuer glüht in ihren Augen, ihre Geduld ist groß – aber wenn sie sich bewegen, können sie blitzschnell sein. Der Brillenkaiman lässt sich unter Wasser sinken wie ein U-Boot, während der Mohrenkaiman dabei planscht und spritzt und viel Getöse macht.

Ronis' starker Scheinwerfer zeigte uns, dass die Ufer und die seichten Stellen dicht mit Kaimanen besetzt waren. »Wunderbare Tiere!«, sagte Ronis. »Sie sind acht Millionen Jahre alt.«

Nur acht Millionen? Aber ich wusste schon, dass die englischen Zahlen bei Ronis Glückssache waren. Ich bat ihn, die Zahl aufzuschreiben, und er schrieb 80.000.000. Aha. Achtzig Millionen.

In diesem Augenblick schnellte ein zehn Zentimeter langer Fisch ins Boot und zappelte um unsere Füße herum. Ich stupste ihn vorsichtig mit der Schuhspitze. »Pass auf, er hat einen giftigen Stachel«, sagte Ronis, hob ihn behutsam an einer Flosse auf und zeigte uns den nadelartigen Stachel an der Brustflosse. »Der kann gefährlich sein.«

Er warf ihn über Bord. Dann sprang noch ein Hundsfisch mit dolchscharfen Zähnen ins Kanu. Später achteten wir gar nicht mehr auf unsere vielen Besucher. Am Morgen waren meine Turnschuhe ganz mit silbrigen Schuppen bedeckt.

Ronis wollte unbedingt einen Mohrenkaiman fangen. »Diese Art so ruhig«, sagte er. »Nicht wie andere.« Er warf seine Schlinge aus, aber der Alligator verschwand im Wasser. Blitze zuckten, der Himmel pulsierte. Fische sprangen den Blitzen entgegen. Die Nacht war voller Geheimnisse.

Wir glitten nahe am Ufer entlang, um zu beobachten, wie die Brillenkaimane sich in den Wald zurückzogen. Sie bewegten sich an Land überraschend anmutig, fast wie Schlangen.

Ronis warf seine Schlinge noch einmal aus, und diesmal legte sie sich einem Mohrenkaiman um den Hals. Der sträubte sich heftig, aber Ronis holte ihn aus dem Wasser und band ihm den Kiefer zusammen. Ronis hielt uns das etwa ein Meter zwanzig lange Tier hin, damit wir es berühren konnten. Sein Bauch fühlte sich an wie die Kacheln in einem Swimmingpool, so sauber, glatt und kühl.

Ronis fing in dieser Nacht noch mehr Kaimane. Wir zählten nicht mehr mit; wir waren gefangen in einer Wunderwelt, in der die Zeit keine Rolle spielt. Wir fühlten uns wie Raumfahrer, weit weg von allem Irdischen, über uns ein Himmel voller Sterne und unter uns, gespiegelt im dunklen Wasser, ein zweiter.

»Alles hier ist so groß«, hatte Andrea einmal gesagt, als wir zusahen, wie die Nacht aus dem Fluss stieg. »Man kommt sich vor wie eine Mücke. In der Stadt halten wir uns für so ungemein wichtig – hier erkennen wir, dass wir nichts sind.«

Dianne und ich hielten einen zweijährigen Mohrenkaiman auf dem Schoß, den Ronis am Ufer gefangen hatte. Man brauchte ihm das Maul nicht zu verbinden; er fühlte sich wohl bei uns. Im Licht des Scheinwerfers hatten die Augen der Kaimane rot ausgesehen, aber jetzt entdeckten wir, dass die Augen des Jungen golden waren vom Licht von tausend Sternen. Ich ließ den kleinen Kaiman ins Wasser gleiten und bat ihn, meine Grüße ins Zauberreich von Encante mitzunehmen.

Es blieb dabei: Wir empfingen kein einziges Telemetrie-Signal. Miriam versicherte, das sei nicht unsere Schuld. Vera habe sich schließlich auch die ganzen acht Tage, die sie im Vormonat hier war, umsonst bemüht. Wahrscheinlich seien die letzten drei Sender auch hinüber.

Wir gaben die Ausrüstung zurück und setzten unsere Delfinbeobachtung fort. Rücken und Beine schmerzten uns von den harten Bänken des Bootes; wir hatten Blasen auf der Haut und rochen nach Schweiß – aber das alles war vergessen beim Anblick einer Finne, eines Kopfes. Sie kamen jeden Tag und umringten uns, sechs, acht, zehn oder mehr gleichzeitig. Sie schienen uns zu erkennen; wir aber konnten sie noch immer nicht auseinanderhalten.

Jeder Tag brachte neue Wunder. Eines Morgens gesellten sich Tucuxis zu den Botos und einer der kleinen grauen Delfine rollte sich unaufhörlich im Wasser, wie ein Kind, das sich im Kreis dreht, bis ihm schwindlig wird. Ein andermal war alles auf Geräusche ausgerichtet: Die Tucuxis planschten, die Botos bliesen, und dann steuerten auch noch Brüllaffen aus dem Wald ihren Beitrag zur Symphonie bei. Es war eine ergreifende Urwaldmelodie. Dann verstummten die Affen, und fast augenblicklich verschwanden die Delfine, und das Wasser lag still und glatt.

Jedes Auftauchen versetzte uns aufs Neue in Erregung. Jedes Mal, wenn wir einen Boto sahen, öffnete sich das Wasser mit einer neuen Verheißung. Wir bekamen nie genug davon. Und als wir Mamirauá verließen, wussten wir, dass unsere Reise noch nicht zu Ende war.

Was wollte ich eigentlich von ihnen? Ich bemühte mich nicht mehr, ihre Wanderungen nachzuzeichnen, von Punkt A nach Punkt B. Ich war nicht mehr darauf versessen, sie zu zählen, jedes Auftauchen mit genauer Zeitangabe zu registrieren, ihre Atemzüge auf Listen einzutragen. Ich wollte sie nicht mehr verfolgen; ich wollte mich ihnen anschließen. Ich wollte mit ihnen schwimmen, ihnen ins Gesicht sehen und die Gesichter kennen. Kurz, ich wollte an ihrem Leben teilhaben – nicht nur an der Anmut ihrer Bewegungen, sondern auch an ihrer mythischen Qualität. Ich hatte keine Ahnung, in welcher Art das geschehen und wo ich nach dieser Erfüllung suchen könnte. Aber ich wusste, dass etwas auf mich wartete.

Ich erinnerte mich an Diannes Traum in der Nacht, als Ricardo zum ersten Mal die Delfingeister beschworen hatte, und an Ricardos Deutung: Glas werde ihr Glück bringen und klares Wasser.

Endlich am richtigen Ort

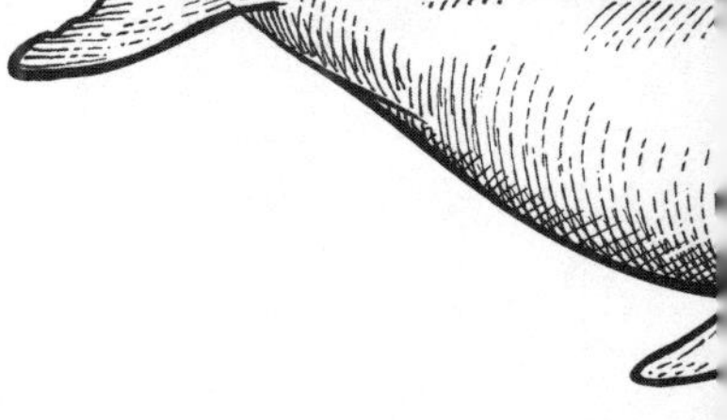

»Sonne und Mond waren einst ein Liebespaar«, erzählt der junge Felicio. »Aber dann wurden sie von dem Gott Tupã getrennt.« Wir stehen bis zur Taille im klaren blauen Wasser des Tapajós und halten Ausschau nach Delfinen. »Es war eine unmögliche Liebe«, sagt er. Er schaut mich an, um zu sehen, ob ich ihn verstehe.

»Aber manchmal kommen sie zusammen. Nicht oft. Das heißt dann ... « Er sucht nach dem richtigen Wort.

»Sonnenfinsternis«, sagt Dianne.

»Ja, Sonnenfinsternis«, sagt er. »Aber das kommt selten vor, sehr selten.«

Weil der Mond von seiner Geliebten getrennt war, weinte er. Im Schöpfungsmythos der amazonischen Mawé entstand dadurch die Welt. »Der Amazonas besteht aus den Tränen des Mondes«, sagt Felicio. »Er ist der Fluss der unmöglichen Liebe.«

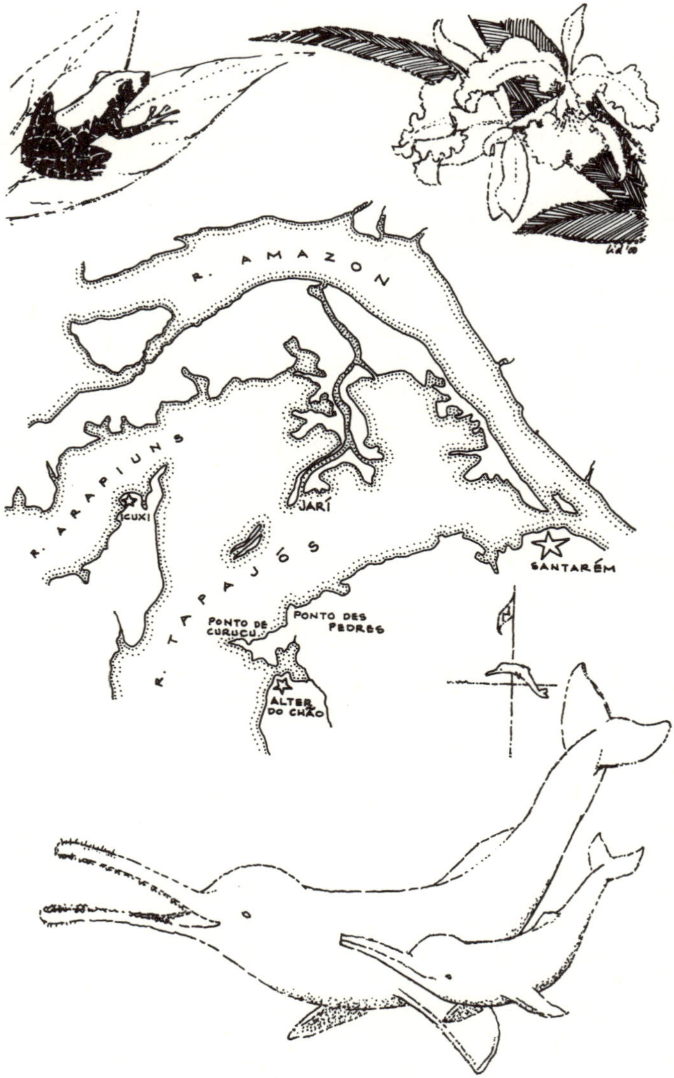

Tapajós und Arapiuns

Die mit dem Delfin schwimmt

Die Lösung für unsere Probleme schien dann ganz einfach: Wir mussten die Botschaft von Diannes Traum ernst nehmen und die Botos in klarem Wasser beobachten. In der wissenschaftlichen Literatur hatte ich nichts über Delfine in Klarwasser-Nebenflüssen des Amazonas gefunden. Aber wir hatten Filme von Botos gesehen, und sie waren alle an der gleichen Stelle gedreht worden, und zwar am Rio Arapiuns im brasilianischen Staat Pará. Die Teams hatten immer in der Trockenzeit gefilmt, weil dann das Wasser am seichtesten war. Jetzt hatten wir November und die Wasserstände würden bald die Tiefstmarken erreichen.

Vera hatte uns per E-Mail eine Adresse vermittelt: Ein gebürtiger Amerikaner namens David Richardson, der in dem Ferienort Alter do Chão lebte, würde uns zu den Delfinen führen können. Er war angeblich schon im klaren Wasser des Rio Tapajós mit ihnen geschwommen. Sowohl Alter do Chão als auch die erwähnte Stelle am Rio Arapiuns war nur eine Tagesreise von Santarém, der drittgrößten Stadt am Amazonas, entfernt.

Aber um dorthin zu kommen, mussten wir durch Feuer fliegen.

Das von El Niño verursachte heiße, trockene Wetter hatte die vielen Feuer, die Farmer und Holzfäller jedes Jahr in der Trockenzeit entzünden, außer Kontrolle geraten lassen. Während sich aller Augen auf die Waldbrände in Malaysia und Indonesien richteten, waren, von der Weltöffentlichkeit fast unbeachtet, auch etwa zehn Prozent des Amazonaswaldes vom Feuer vernichtet worden.

Wir bekamen schon bald Hinweise, dass es mit dem Feuer schlimmer war als üblich. Von Vera hörten wir, dass es Stromsperren wegen Wasserknappheit gab. Telefonieren war Glückssache; wir konnten David Richardson trotz aller Mühen nicht erreichen. Manaus sei in Rauch gehüllt, hatten wir gehört.

Ein Kollege berichtete, in Brasília sei es mit dem Rauch manchmal so schlimm, dass kein Flugzeug landen könne und viele Menschen mit Atemproblemen in die Krankenhäuser eingeliefert worden seien.

Die Brasilianer selbst schienen sich nicht darüber aufzuregen. Im Flughafen von Miami fragte ich die Brasilianerin am Varig-Ticketschalter nach Neuigkeiten über die Brände. »Ach, die Feuer brennen und der Regen löscht sie«, sagte sie unbekümmert. Am Flughafen von Manaus trafen wir den deutschen Chef einer Holzfirma, der nach Belém fliegen wollte; er sagte, er habe nichts Besorgniserregendes gehört. Im Hotel Monaco wusste man von nichts. Wir glaubten schon beinahe, an der Sache sei nichts dran.

Aber als wir in Santarém ankamen, sahen wir, dass das Land versengt war. Verbrannte Bäume und verkohlte Zaunpfosten säumten die Straßen, und stellenweise war sogar die rote Erde vom Feuer geschwärzt. »So geht es immer«, sagte der Taxifahrer, der uns zum Hotel brachte. »Eigentlich sollen nur die Felder abgebrannt werden, aber das Feuer macht sich immer selbstständig. Das ist ganz normal. In diesem Jahr ist es allerdings trockener als sonst.«

Wegen des niedrigen Wasserstandes gab es nur zwölf Stunden am Tag Strom; aber wann jeweils, das war ungewiss. Wir hatten ein Zimmer mit *aire acondicionado*, in dem es keine Fliegengitter an den Fenstern gab. Wenn wir nachts die Fenster öffneten, weil die Klimaanlage nicht lief, strömten Moskitos und Motten herein, und es hätte mich nicht gewundert, wenn die Fledermäuse hinter ihnen hergekommen wären. Doch das war unser geringstes Problem. Wir konnten David Richardson immer noch nicht erreichen. Wenn wir seine Nummer anriefen, hörten wir jedes Mal eine Nachricht, die wir nicht verstanden. Eine Belgierin, die auch im Hotel wohnte, bekam unsere Schwierigkeiten mit und entschlüsselte die Botschaft für uns: Er besaß ein Handy, befand sich aber gerade nicht in dessen Reichweite.

Isabelle Druant, eine vierzigjährige Agronomie-Studentin mit kurzen blonden Haaren, hatte ein Jahr lang in Belo Horizonte Englisch unterrichtet. Sie wollte hier ihren Urlaub verbringen. Der war bisher nicht sehr erholsam gewesen. Sie hatte einen Platz auf einem Schiff namens Sim Blanco gebucht und zu spät entdeckt, dass dieses schon vor zehn Jahren untergegangen war. Also kaufte sie ein Ticket für die João Pessoa, ein solide wirkendes Passagier- und Frachtschiff. Es nahm weniger Passagiere auf als üblich, weil das unterste der drei Decks mit Fracht vollgestopft war, mit Kaffee, Weizen und Maismehl. Das Schiff war schließlich so überladen, dass die Gangway, die Isabelle noch hinaufgestiegen war, am Ende abwärts führte.

Als sie in Santarém ankamen, wollten die Passagiere über Nacht an Bord bleiben; das war im Preis inbegriffen.

Aber man riet ihnen, das Schiff zu verlassen; das Gepäck könne in den Kabinen bleiben. Isabelle kam es vor, als hätte das Schiff Schlagseite, und sie nahm ihr Gepäck lieber mit an Land.

Als sie zurückkam, war das Schiff gesunken – mit drei Autos, zwei Motorrädern, zwei Pferden (die an Land schwammen), mit dem ganzen Kaffee, Weizen und Maismehl und allem Gepäck. Eine Familie hatte wegen Umzugs ihr ganzes Hab und Gut auf dem Schiff gehabt. Später trafen wir den Kapitän in einem Restaurant. Er erzählte uns, wegen des niedrigen Wasserstands habe sein Schiff einen Pfahl am Dock gerammt, dabei sei die Lenzpumpe kaputtgegangen. Versichert war das Schiff nicht.

Als Isabelle uns ihre Geschichte erzählt hatte, machten wir sie mit unseren Plänen bekannt. Wir brauchten einen Dolmetscher. Ob sie vielleicht mitkommen wolle? Isabelle war begeistert.

Ich fragte sie nach den Waldbränden. »Brände? Davon habe ich kein Wort gehört«, sagte sie.

Am nächsten Tag nahmen wir den Bus nach Alter do Chão – eine Strecke von knapp fünfzig Kilometern –, um David Richardson aufzusuchen. Ein Taxifahrer hatte uns gesagt, wir würden ihn im Museum der indigenen Völker finden, der einzigen Attraktion des Ortes.

Aber wir trafen nicht David, sondern seine Frau. Sie sagte uns, er sei bis Ende Dezember in Manaus und sie selbst wisse nichts über die Botos. Isabelle bekam jedoch schnell heraus, wer Davids Bootsführer waren. Sie hießen Braulio und Simão und lebten hier am Ort.

Wir gingen die staubige Straße hinunter zu einem kleinen Freiluftrestaurant neben der Kirche, die den Dorfplatz beherrscht. Wir aßen Fisch und genossen die Aussicht auf Sonnenschirme und kleine Bungalows am Strand des türkisfarbigen Lago Verde. Große Mango- und Cashew-Bäume standen fruchtbeladen im weißen Sand.

Der Wirt zeigte uns den Weg zu Braulios Haus. Isabelle ging in den Hof, klatschte in die Hände und rief: *»Oi da casa!«*, was hier die übliche Art ist, sich bemerkbar zu machen. Haustürklingeln gibt es nicht. Ein Mann mit Goldzähnen im breiten Gesicht, dicker Brille und kurzem grauem Haar sprang aus einer Hängematte und begrüßte uns.

Ob er uns helfen könne, die Botos zu finden? Man könne sie gelegentlich direkt hier sehen, sagte er, aber sie zeigten sich nur kurz und verschwänden wieder. Der beste Ort sei Ponta do Cururu. Ob er glaube, dass die Delfine uns mit sich schwimmen lassen würden? Das habe außer David noch nie jemand versucht, antwortete er.

So gingen wir alle zusammen zu seinem 18 Meter langen Boot mit dem anspruchsvollen Namen *Gigante de Tapajós* und fuhren ab.

Sobald wir Alter do Chão hinter uns gelassen hatten, lagen die sandigen Ufer des Tapajós völlig unberührt. Wir sahen kein Haus, kein Boot – nur blaues Wasser, weißen Sand und dann den Wald.

Nach einer Stunde waren wir am Ziel. Braulio trug den Anker auf den weißen Sandstrand, und wir setzten uns daneben wie die Zuschauer bei einer Sportveranstaltung und warteten auf die Botos.

Da können wir lang warten, dachte ich.

Doch da sahen wir sie.

Es waren zwei, beide dunkelgrau. Wir hatten gelesen, dass Botos im klaren Wasser tendenziell dunkler sind – vielleicht schützt das Pigment die Haut vor den Sonnenstrahlen. Einer begann sich im Wasser zu drehen, nicht einmal zehn Meter von uns entfernt. Seine Flossen waren überraschenderweise rosa. Als er sich auf den Rücken legte, breitete er sie aus, als wollte er uns einladen.

Dianne und ich zogen Hose und Hemd aus, um uns den Delfinen anzuschließen. »Seid ihr sicher, dass es hier keine Piranhas gibt?«, fragte Isabelle. Natürlich hatte ich keine Ahnung; aber David Richardson war hier schließlich auch geschwommen. »Absolut«, sagte ich und stürzte mich in das klare blaue Wasser.

Die Botos kamen bis auf zehn Meter heran; sie waren offensichtlich neugierig, blieben aber immer im tieferen Wasser. Aber wir hatten noch nie so gute Sicht gehabt; zum ersten Mal konnten wir die Flossen der Botos unter Wasser sehen. Sie schlugen wie Flügel.

Eine Stunde lang schwammen sie vor uns auf und ab. Sie verhielten sich ganz normal, das alles hatten wir schon oft verzeichnet, aber jetzt konnten wir sie sehen – Flossen, Kopf, Körper und Schwanz. Zum ersten Mal sahen wir sie als Ganzes, und wir waren hingerissen.

Als sie verschwunden waren, saßen wir erschöpft am Ufer. Und erst da bemerkten wir das Feuer. Der Wind hatte gedreht und trug nun große Rußflocken zu uns wie verbrannte Schmetterlinge. Südöstlich sahen wir am Horizont eine Rauchsäule aufsteigen, dick und bösartig wie ein Tornado. Der Nachmittagshimmel färbte sich purpurrot. Die

Rußflocken wurden größer. Wir erkundigten uns bei Braulio nach dem Feuer. »Es hat wahrscheinlich auf der Farm begonnen und ist dann außer Kontrolle geraten«, erklärt er nüchtern. Dann drängte er zum Aufbruch, weil es schon spät war.

Als wir zurückkamen, dämmerte es bereits. Es gab keinen Strom und alles war dunkel, ruhig und warm.

Endlich waren wir am richtigen Ort.

Wir beschlossen, hier unser Hauptquartier aufzuschlagen. Isabelle wählte ein Hotel aus, die Pousada Alter do Chão. Von dort aus blickt man auf den Lago Verde und den roten Berg dahinter. Das Hotel hat ein wunderhübsches Restaurant auf der Veranda. Rosen überwölben den Eingang und Bougainvilleen wachsen über das Dach. Wir wählten das Zimmer, das uns am kühlsten schien, denn bei der aktuellen Stromlage waren die Ventilatoren nicht von Nutzen. Wir dachten, wenn wir abends kalt duschten und dann bewegungslos auf den Betten lägen, würden wir nicht allzu sehr schwitzen. Wie so oft täuschten wir uns. Ansonsten war das Hotel ideal: hübsch und ruhig. Morgens weckten uns Hahnenschreie und das Geräusch kehrender Besen. Unser Schlaflied waren die Gesänge der Frösche: Manche klappern wie Perlen in einem Becher, andere klingen, wie wenn man mit einem nassen Finger über ein Trommelfell fährt, und wieder andere, unsere Lieblinge, wiederholen ständig den Namen des Platzes, wo wir die Delfine treffen: »Cururu, cururu.«

Unsere mütterliche, dunkelhaarige Wirtin macht ihrem Namen Socorro, der »Hilfe« bedeutet, alle Ehre. Hinter ihrer Freiluftküche, in der sie unter einem Blechdach auf zwei Gasöfen die Mahlzeiten zubereitet, hat sie einen kleinen

Garten voller Orchideen. Sie kennt jede Einzelne. Manchmal begleiten wir sie, wenn sie die Runde macht, um sie zu gießen, dann weist sie uns auf die Besonderheiten hin. »*Como bailarina*«, sagt sie zum Beispiel und zeigt uns Blätter, die wie ein Wasserfall aus Spitzen herabfallen; »*Pecino*«, sagt sie und deutet auf Blüten so klein wie ein Stecknadelkopf.

Sie hat jede Einzelne von ihnen vor dem Feuer gerettet. »Vor drei Jahren ging ich einmal im Urwald gleich beim Hotel spazieren«, erklärt sie uns mit Isabelles Hilfe.

»Und ich sah alle diese wunderschönen Orchideen in den Bäumen. Aber als ich das nächste Mal kam, waren sie verschwunden. Die Trockenzeitfeuer hatten sie alle umgebracht. Ich war den Tränen nah.« Also ist sie im Jahr darauf wieder in den Wald gegangen, um die Orchideen zu retten, bevor die Brände kamen. Sie holt sie aus den Bäumen – es sind Epiphyten, die auf Ästen wachsen – und schreibt genau auf, wo sie sie gefunden hat. Sie nimmt sie mit und setzt sie in halbierte Kokosnussschalen. Als Dünger benützt sie verbrannte Samen von den Açaí-Palmen, die vor ihrem Haus wachsen. Sie behält die Orchideen bei sich, bis der Urwald wieder grün wird. Dann bringt sie sie wieder dorthin, wo sie sie gefunden hat. »Vor drei Jahren hat es viel weniger Feuer gegeben«, sagt sie. Der Fluss sei so seicht wie noch nie. »Ich habe Fotos von damals und heute miteinander verglichen. So viel vom Ufer hat man seit 1953 nicht mehr gesehen.«

Sie kümmerte sich um uns wie um ihre Orchideen. Unsere Pläne interessierten sie sehr – sie hatte die Botos schon oft im Lago Verde gesehen und fand sie sehr schön. Aber sie war auch ein bisschen besorgt. Die Botos könnten uns mitnehmen wollen, sagte sie, nur halb im Scherz – besonders

Dianne, die trotz der Hitze so frisch und schön aussah wie immer. »Vorsicht mit den Delfinen«, sagte sie augenzwinkernd. *»Cuidado com o boto.«*

Wir kehrten noch einmal nach Santarém zurück, weil dort am nächsten Tag großer Markttag war. Aus der ganzen Region kommen die Leute zum Mercado 2000, um ihre Waren anzubieten. Ich wollte die Fischer nach Geschichten über die Botos aushorchen, Isabelle interessierte sich für die angebotenen Heilkräuter.

Wir sprachen mit einem muskulösen, grauhaarigen Verkäufer an einem kleinen Verkaufsstand, dessen Regale mit Rinden, Blättern, Vogelnestern, Samen und Flaschen dicht gefüllt waren. Er zeigte sich gern bereit, uns über seine Heilmittel aufzuklären. Sesamsaat ergibt einen Trank, der Schlaganfälle verhindert, erklärte er. Diese Rinde, Invirataya, vertreibt böse Geister, wenn man sie verbrennt. Diese Schote, Jucá, heilt Verdauungskrankheiten. Aus dem Vogelnest kocht man einen Tee, der die Leber stärkt.

Er redete und redete: Das da war ein Tee für Gastritis, dies ein Hustensirup, das ein Bad gegen Unfruchtbarkeit und Untreue. Isabelle machte sich genaue Notizen. Er zeigte uns auch einen Schlangenkopf, der Geld anzieht.

Isabelle übersetzte ihm, dass ich kein Geld brauchte, sondern ein Mittel, um Botos anzulocken. Er offerierte mir eine getrocknete Boto-Vagina, aus der ein Curandeiro ein Parfüm herstellen könnte, das Männer magisch anzöge. Isabelle lehnte in meinem Auftrag ab: ich sei verheiratet. Er schien verwirrt. Wenn ich kein Geld brauchte und schon einen Mann hatte, was war dann mein Problem? Schließlich brachte er strahlend einen getrockneten Boto-Penis. »In Wein oder

Schnaps einlegen«, sagte er. »Wenn ihr davon trinkt, werdet ihr großartigen Sex haben!«

Wir wandten uns lieber dem Fischmarkt zu.

Wen auch immer wir nach den Botos fragten, erzählte uns Geschichten von Botos, die Menschen verführen wollen. Und alle beteuerten, das sei die reine Wahrheit; sie wüssten es genau, weil es ihrer eigenen Großmutter, Tante oder Schwester geschehen sei.

Einem alten Fischer erzählte Isabelle, dass wir mit den Botos geschwommen seien und das auch weiterhin machen würden. »*Cuidado com o boto*«, sagte er mit erhobenem Zeigefinger. Warum? Würden wir verzaubert werden? »Nein«, übermittelte Isabelle, »er sagt, dass sie sehr groß sind und Menschen beißen.«

Uns war natürlich klar, dass die Botos uns verletzen konnten. Vera hatte uns vor ihrer Kraft gewarnt, und wir hatten nicht vergessen, dass Roxanne von einem Boto gerammt worden war. Chuckles, der rosa Delfin im Zoo von Pittsburgh, hatte schon mehrmals Menschen gebissen, auch seine Wärter. Man erklärte es sich mit der Begründung, dass er während der Brunst sein Territorium verteidigte.

Die Menschen täuschen sich gern darüber hinweg, dass sie das Verhalten der Delfine niemals ganz durchschauen können. Auf der Meeressäuger-Konferenz in Orlando hatte ein Biologe von wiederholten, brutalen Angriffen von Flaschennasen-Delfinen auf Tümmler berichtet: An der Nordostküste Schottlands wurden zwischen 1991 und 1993 zahlreiche tote Tümmler ans Land geschwemmt. Untersuchungen ergaben, dass 42 von ihnen totgeschlagen worden waren. Zu ihrem Schrecken mussten die Forscher erkennen, dass kleine Banden gewalttätiger Delfine die Tümmler prügelten. Es gab sogar Videos von solchen Angriffen: Zwei oder drei erwachsene Delfine jagten einen einzelnen Tümmler, der ganz offensichtlich fliehen wollte. Sie stießen ihr Opfer gnadenlos herum und schleuderten es manchmal direkt aus dem Wasser. Man nannte den grausigen Film *Jack the Flipper* und begann zu diskutieren, ob man therapeutische Programme wie »Schwimmen mit Delfinen« wirklich guten Gewissens empfehlen könnte.

Doch nichts von alledem konnte mich abschrecken. Ich wollte ins Wasser und mit den Delfinen zusammen sein, und ich war bereit, dafür jedes Risiko auf mich zu nehmen. Insbesondere an diesem Tag konnten Isabelle und ich es kaum erwarten, zu ihnen zu kommen, weil wir beide unsere Periode bekamen. Ich wollte sehen, ob an den Geschichten, dass die Botos vom Menstruationsblut angelockt werden, etwas dran ist. Bei der Gelegenheit könnten wir auch gleich feststellen, ob es Piranhas im Fluss gäbe.

Während Dianne auf der Bootsfahrt nach Ponta Do Cururu Lippenstift auflegte und sich *Jaborandi*-Gel, das sie in Santarém gekauft hatte, ins Haar rieb, schluckte ich sechs Aspirin, um den Blutfluss anzuregen.

Aber an diesem Tag kamen die Delfine nicht zu uns. Wir sahen sie zwar – insgesamt vielleicht fünf –, aber sie kamen nicht näher als etwa sechs Meter. Ich fragte mich schon, ob wir beim ersten Mal nicht einfach unverschämtes Glück gehabt hatten.

Am nächsten Tag blieb Isabelle zu Hause. Mit ihrer blassen Haut hatte sie sich während des Aufenthalts im Fluss einen schweren Sonnenbrand zugezogen, den sie jetzt mit einer ihrer vielen Kräutersalben behandelte. Auch meine Haut warf Blasen an Armen und Brust, und mein Gesicht war so rot wie das eines Uakaris. Einmal schlief ich die ganze Nacht auf einer großen hölzernen Wäscheklammer, ohne es zu merken, weil die Schmerzen in der verbrannten Haut alle anderen Empfindungen auslöschten. Das Jucken, das in der nächsten Phase folgte, war womöglich noch unangenehmer, besonders als ich seine Ursache feststellte: Hunderte von kleinen braunen Ameisen hatten meine in Fetzen abgehende Haut und die nässenden Blasen als üppige Nahrungsquelle entdeckt und strömten jede Nacht zu mir ins Bett, um die Flüssigkeit zu trinken und die Hautfetzen abzutransportieren. »Ich mag es nicht, wenn Insekten mich auffressen«, sagte ich zu Dianne. »Kann ich mir vorstellen«, erwiderte sie. »Besonders, solange du am Leben bist. Wenn du tot bist, macht es nichts mehr aus.« Wir beschlossen, unsere Besuche bei den Delfinen auf den frühen Morgen und den späten Nachmittag zu beschränken, um die stärkste Sonneneinstrahlung zu vermeiden.

An diesem Morgen saßen wir also wieder am Ufer und warteten auf Delfine. Ich wurde bald ungeduldig und ging am Ufer entlang, die Augen immer aufmerksam aufs Wasser gerichtet. Kein Kopf, keine Rückenfinne durchbrach die Oberfläche. Ich ging immer weiter und schließlich sogar ins Wasser, als Angebot sozusagen. Im Wasser stehend, richtete ich meine Willenskraft darauf aus, einen Boto herbeizuzwingen. Plötzlich verdunkelte sich das Wasser vor mir – der Schatten einer Wolke? Doch dann stieg er an die Wasseroberfläche, die Rückenfinne eines Boto erschien – und verschwand wieder.

Hatte ich mir das nur eingebildet? Zuerst war ich verblüfft, dann verzweifelt. Er *muss* hier sein, dachte ich. Und dann, ganz nah, tauchten zwei auf. Zwei dunkle Finnen, nur drei Meter entfernt.

Jetzt fiel mir Dianne ein. Wenn eine von uns Botos sichtete, so hatten wir ausgemacht, würde sie die andere rufen. Sie war auf der anderen Seite unserer Landungsstelle, fast einen Kilometer weit weg, und Rufen hätte keinen Sinn gehabt. Ich rannte los, und als ich zum Boot kam, sah ich, dass sie mir winkte.

»Mensch, Sy!«, schrie sie. »Einer ist bis auf eineinhalb Meter herangekommen! Und er hat geblasen!« Das sei so unerwartet geschehen, dass sie erschrocken sei. »Ich stand da wie gelähmt«, sagte sie, »und wusste nicht, was ich tun sollte.«

Wir standen bis zur Taille im Wasser. »Wir sind in ihrem Element«, sagte ich. Wir sangen für sie und planschten. Da erschienen zwei, ein großer und ein kleiner – ein Baby, das vielleicht im Juni zur Welt gekommen war. Sie kamen auf drei Meter heran, dann schwammen sie ein bisschen weiter weg und sprangen! Das Baby schnellte fast völlig aus dem Wasser. Sein Gesicht war hinreißend niedlich, über seinem Schnabel hing ein bisschen Gänsekresse.

Ein dritter Delfin kam hinzu. Alle sprangen von einem gemeinsamen Punkt aus in verschiedene Richtungen. Einer legte sich auf den Rücken und winkte mit der Flosse. Ein anderer, ein grauer, hob keine drei Meter entfernt seinen Kopf aus dem Wasser und schaute mich an. Seine Augen blickten in meine. Neben ihm tauchte noch einer auf, wandte den Kopf und blickte mir ins Gesicht.

Die Delfine schienen näher zu kommen. Erst da merkte ich, dass ich schwamm. Dianne, die immer noch nahe am Ufer stand, schrie mir zu: »Du bist zu weit draußen!« Ich wandte mich zu ihr um. Sie war sehr klein geworden, viel weiter weg, als ich gedacht hatte. Ich sah auch, dass die Strömung mich seitwärts fortgetragen hatte und einer stärkeren Strömung zutrieb. Nur sehr ungern schwamm ich ans Ufer.

»Mensch, ich dachte schon, sie nehmen dich mit«, sagte Dianne.

Wie gern hätte ich mich mitnehmen lassen! Ich hatte mich ihrem Zauber völlig ergeben. Im Wasser war ich ein verwandeltes Geschöpf: nicht mehr der Erde verhaftet, nicht mehr auf zwei Beinen gehend, hatte ich den Lebensraum von Erde und Luft hinter mir gelassen. Ich hatte die Art, wie Menschen atmen und sich bewegen, ja sogar das Gewicht meines eigenen Körpers abgelegt. Jedes Mal, wenn ich untertauchte, fühlte ich mich wie neugeboren. Ich fühlte mich wie in einem geheimnisvollen Mutterleib, in dem mir rosa Delfine in die Augen schauten, wo sich alles, meine eigene Zukunft eingeschlossen, meiner Kontrolle entzog und wo die unmöglichste Möglichkeit wahr werden konnte.

Als ich aus dem Wasser stieg, fühlte sich mein Körper bleischwer an. Ich war völlig erschöpft.

Der Tanz des rosa Delfins

»Unsere Legende berichtet, dass eine Familie eine sehr schöne Tochter hatte. Wir veranstalteten hier einen Ball – den Rosenball. Vor dem Tanz kam das Mädchen, um im Fluss zu baden. Sie merkte nicht, dass ein Boto sie beobachtete. Doch von diesem Moment an begehrte sie der Boto.«

Isabelle übersetzt die Geschichte, die Necca von ihren Großeltern überliefert bekam und die sie uns jetzt erzählt. Necca heißt eigentlich Ludinelda Marino Gonçalvez; sie ist vierzig und hat hohe Wangenknochen – eine Erbschaft der Bourari, auf die sie sehr stolz ist.

Wir sitzen unter dem Strohdach der Hütte am Lago Verde, wo Necca gebratenen Fisch und Getränke verkauft. Auch wenn wir ihre Worte nur in der Übersetzung hören, merken wir doch, dass sie eine geborene Erzählerin ist. Sie entwickelt ihre Geschichte langsam und geschickt.

»Am Abend des Balles«, sagt Necca, »erschien das schöne Mädchen mit ihrem Freund. Doch der Boto war der bestaussehende Mann von allen. Sie sah ihn und verliebte sich Hals über Kopf in ihn – und er sich in sie. Sie hatten für niemanden sonst Augen.«

Dianne und ich wechselten Blicke. Wir kannten dieses Gefühl, wenn die Liebe alle Sinne überfällt, das Gehör ausschaltet, einen Menschen blind macht für die Umwelt. Da kann der Blitz neben dir einschlagen, und du siehst ihn nicht und hörst den Donner nicht und hast keine Angst, weil nur eines wichtig ist: das verzehrende Verlangen, das von deiner Seele Besitz ergriffen hat. Diese süße und überwältigende Krankheit ist den Menschen vertraut. Aber was ist, wenn man sich in einen Delfin verliebt?

Necca fuhr in ihrer Erzählung fort: »Einer der Männer erkannte, dass es ein Boto war und jagte ihn fort. Doch das Mädchen liebte ihn. Sie liebte ihn wie verrückt. Beim nächsten Ball hielt sie nach ihm Ausschau – und tatsächlich war er wiedergekommen. Sie tanzten den ganzen Abend eng umschlungen und gingen schließlich gemeinsam an den Strand. Dort legten sie sich in den Sand und liebten sich leidenschaftlich.« Necca machte eine Kunstpause.

»Als die Liebenden erschöpft im Sand lagen, sprang der Boto plötzlich auf und verschwand im Wasser. Das Mädchen war verzweifelt. Sie ging zum Curandeiro des Dorfes und bat ihn, ihren Geliebten zurückzuholen. Der Curandeiro bat die Mutter des Sees um Hilfe. Diese versprach, den Mond zu bitten, dass er ihn zurückbringe. Denn das Mädchen war schwanger. Und der Curandeiro sah, dass ein Boto der Vater des Kindes war.

Beim nächsten Vollmond fand wieder ein Ball statt. Der Mond rief den Boto und er kam, um seine Geliebte wiederzusehen. Das Mädchen erzählte ihm, dass sie sein Kind trug. Da musste er ihr erklären, dass er sie nur in den Bällen treffen könne, obwohl er sie liebe und Sehnsucht nach ihr habe. Nur in den Ballnächten könne er sich in einen Mann verwandeln.

Bis zum nächsten Ball waren es noch Monate. Als sie sich wiedertrafen, brachte sie ihren Sohn mit. Fortan kam er zu jedem Ball, um mit ihr zu tanzen und seinen Sohn zu sehen.«

Necca hat zu dieser Geschichte einen Tanz choreografiert, wie Braulio uns erzählt hatte. Der Tanz wird jedes Jahr in der letzten Juliwoche am Ufer von Alter do Chão aufgeführt. Früher hat Necca selbst mitgetanzt; jetzt nimmt ihre 24-jährige Tochter Keila ihre Stelle ein, und wenn Keilas Tochter alt genug ist, wird auch sie tanzen.

»Viele Leute, vor allem die Alten, glauben diese Geschichte«, erzählte Necca. »Auch heute noch kommen manche Mädchen zum Ball, um einen Boto zu treffen. Sie sind immer die schönsten Männer. Und wenn wir unseren Tanz aufführen, kommen die Delfine oft ganz nahe ans Ufer, als ob sie wüssten, dass der Tanz von ihnen handelt.«

Auf den früheren Reisen hatte uns der Regen begleitet; nun begleitet uns das Feuer. Den Regen hatten wir geliebt, weil er eine üppige Wasserwelt schuf, die Feuer aber fürchten wir. Trotzdem können wir ihnen nicht entkommen. Manchmal sehen wir von Cururu aus vier oder fünf Rauchsäulen am Himmel stehen; manchmal hängt der Rauch in der Luft und drückt bleischwer aufs Wasser. Eines Nachts ist das Feuer beinahe bis Alter do Chão vorgedrungen. Man konnte die Hitze schon spüren. Immer gibt es irgendwo Feuer oder Rauch. Wahrzeichen der Habgier, die die Welt vernichtet.

Als wir heute nach Cururu aufbrechen, sehen wir im Westen drei große Brände. Die Luft ist diesig. Nur im Wasser kann man sich noch erholen. Während Dianne ihre Fotoausrüstung auspackt, schwimme ich schon auf die nächsten Finnen zu. Ich schwimme langsam, und schon kommen sie zu mir: zuerst die Mutter mit dem Baby, dann ein sehr großer rosa Delfin, dann zwei große graue.

Von mir unbemerkt, umgeben sie mich von allen Seiten. Dianne, die vom Dach der *Gigante* aus fotografiert, erzählt mir später, ich sei buchstäblich umringt gewesen. Zwei rosa schimmernde Tucuxis kamen noch dazu, einer mit einer Scharte in der Rückenfinne. Eine Dreiviertelstunde schwamm ich so, und es gab keine Minute, in der ich nicht einen Delfin direkt vor mir gehabt hätte. Wenn sie auftauchten, kam es mir vor, als spürte ich ihren Blick auf mir. Vielleicht war es auch ihr Sonar, das ich fühlte. Später erfuhr ich von Leuten, die mit Meeresdelfinen arbeiten, dass sie fühlten, wenn die Tiere sie mit dem Sonar abtasten. Die Delfine senden dabei Ketten von Klickgeräuschen ab, die sie mit Muskeln in der Stirn erzeugen, und warten, bis das Echo zurückkommt. Das Sonar erschafft ein dreidimensionales Tonbild, ein Sonogramm, von dem, was vor ihnen liegt. Der Boto hat einen biegsamen Hals und kann somit ein Sonogramm erzeugen, das einen sehr weiten Bogen umfasst. Bill Langbauer, ein Forscher, der im Zoo von Pittsburgh arbeitet, beschrieb mir das Gefühl, wenn man von den Tonwellen getroffen wird: es sei, wie wenn man mit geschlossenen Zähnen summe.

Doch das war in einem Aquarium. Ich schwimme im lebendigen Wasser und habe immer das Gefühl, dass das Wasser um mich her summt, weil es so voll Leben ist wie das Blut in meinen Adern. Ich spüre nicht, wie die Botos mich mit ihrem Sonar abtasten, bin mir aber sicher, dass sie es tun. Sie können durch mich hindurchsehen. Sie berühren mich nicht, aber ihr Echolot durchdringt mein Fleisch. Sie wissen, dass mein Magen voll und mein Bauch leer ist; sie sehen die schadhafte Mitralklappe in meinem Herzen. Aber obwohl sie mich mit ihrem erstaunlichen Sonarsystem erfassen, heben sie doch immer wieder ihre glatten Gesichter aus dem Wasser, um mich anzuschauen. Was sie unter Wasser von mir ertasten, genügt ihnen nicht. Vielleicht wissen sie, dass sich das innerste Wesen eines Menschen im Gesicht zeigt. Vielleicht ist auch für sie eine Begegnung erst vollkommen, wenn man sich von Angesicht zu Angesicht sieht.

Und was weiß ich von ihnen? Nur von einem kenne ich das Geschlecht – von der Mutter mit dem Baby. Ich weiß nicht, wie lange sie schon leben. Ich weiß nicht, wie weit sie wandern. Ich weiß nicht, ob diese Gruppe immer beisammen bleibt oder nur zusammengekommen ist, um die bleiche Erdenbewohnerin zu beobachten, die da vor ihnen im Wasser hängt.

Aber irgendwie macht es mir gar nichts aus, dass ich all das niemals erfahren werde. Die Botos haben mir schon so viel gezeigt: Sie brachten mich nach Manaus, dem unmöglichen Paris von Amazonien; sie brachten mich zum Zusammenfluss von Rio Negro und Solimões. Die Botos lockten mich nach Tamshiyacu-Tahuayo, nach Mamirauá und jetzt hierher zu diesen klaren Gewässern. Auf diesen vier Reisen im Amazonasgebiet war ich ihnen gefolgt, wenn auch nicht auf die Art und Weise, wie ich es ursprünglich geplant hatte. Das Verb »folgen« hat viele Bedeutungen, von denen mir die meisten nicht bewusst waren, als ich beschloss, den rosa Delfinen zu folgen. Sie zu verfolgen, sprich hinter ihnen herzureisen, wie ich es mir vorgestellt hatte, als ich noch hoffte, ihr Wanderverhalten enträtseln zu können, war lediglich eine Art des Folgens. Es gibt subtilere und tiefer reichende Bedeutungen des Wortes: sich führen lassen; zustimmen;

etwas aufmerksam beobachten; Führerschaft oder Herrschaftsgewalt anerkennen; zeitlich folgen; Bedeutung oder Zusammenhänge erkennen. Obwohl ich hatte feststellen müssen, dass es keine Migration zu verfolgen gab, obwohl das Telemetriegerät kein einziges Signal empfangen hatte, war ich den Botos dennoch gefolgt. In Tamshiyacu-Tahuayo war ich ihnen in ein übersinnliches Reich gefolgt, in dem Schamanen mit den Kräften der Pflanzen kommunizieren und Encante besuchen. Zusammen mit Gary hatte ich sie auf einer Zeitreise zurückverfolgt. In Mamirauá hatten sie mich mitten in die Probleme der Naturerhaltung im Amazonasgebiet geführt. Und nun folgte ich ihnen noch immer, war mitten im Wasser bei ihnen, bereit, ihre Gaben und ihre Führung anzunehmen.

Ich gehe nie ins Wasser, bevor die Delfine kommen. Dianne und ich warten am Ufer, und erst wenn ich eine Rückenfinne in der Nähe sehe, überlasse ich meinen Körper dem Fluss.

Dianne bleibt am Ufer, manchmal auch auf dem Dach der *Gigante,* und fotografiert. Zwar ist sie eine gute Schwimmerin, aber ihr Vater war Kapitän, und ich habe oft bemerkt, dass Menschen, die das Wasser besonders gut kennen, viel Respekt vor seiner Gefährlichkeit haben. Ich hingegen kann mich dem Wasser ohne Vorbehalt hingeben, mich völlig darin verlieren.

Nachdem wir jetzt eine Woche lang täglich hierhergekommen sind, können wir sieben Tiere erkennen: Es gibt zwei mittelgroße graue Delfine, die aussehen wie Geschäftsleute mit Melone. Dianne kennt einen Engländer, der tatsächlich mit Melone herumläuft, und wir haben einen der beiden nach ihm benannt: David. Den zweiten tauften wir Gary, weil Gary wegen seines auffallenden Regenhuts von allen beneidet worden war. Einen sehr großen rosa Delfin nennen wir Valentino, einen sehr großen grauen Vera. Ein anderer ist grau mit rosa Lippen, deshalb heißt er Rosa Lippen. Gelegentlich sehen wir auch die Mutter mit Kind. Weil Weihnachten näher rückt, nennen wir die beiden Maria und Jesus.

Rosa Flossen, graue Bäuche, gewölbte Köpfe – ich wünsche mir so sehr, ich könnte sie berühren. Ich fühle die Strömungen im Wasser, die von ihren Bewegungen erzeugt werden. Einmal schaue ich ins Wasser unter mir und sehe eine große graue Gestalt unter meinen Füßen schwimmen. Umschlossen von diesen klaren blauen Wassern fühle ich mich wie im Paradies.

Cururu war wirklich ein idealer Platz; wir konnten uns keinen besseren vorstellen. Trotzdem fühlten wir das Bedürfnis, auch die Delfine im Arapiuns zu besuchen.

Auf dem Mercado 2000 in Santarém hatten wir einen älteren Fischer kennengelernt, der im Alter von 15 Jahren einen Monat am Arapiuns verbracht hatte. Eine für ihn unvergessliche Erfahrung. »Da gab es viele, viele Delfine«, erzählte er. Eines Nachts hatte er am Ufer zwei fremdartig aussehende Mädchen gesehen, vielleicht elf und dreizehn Jahre alt. Ihre Haut sei sehr weiß gewesen, sagte er, aber mit rötlichen Flecken. Und sie hätten sehr wenig Haar gehabt. Diese Mädchen, so habe man ihm erzählt, seien die Töchter des Boto.

Es musste ja wohl einen Grund dafür geben, dass manche Filmteams das hübsche Alter do Chão links liegen ließen und einen Tag flussaufwärts zum Arapiuns fuhren. Vielleicht, so dachten wir, war das Wasser dort noch klarer, sodass man die Delfine noch besser sehen konnte.

Es war nicht einfach, die Reise zu organisieren. Viele Bootsführer scheuten das Risiko. Braulio sagte, für seine *Gigante* sei die Strömung im Tapajós zu stark. Die Strecke bis zum Arapiuns sei voller Tücken, Untiefen und Stromschnellen. Außerdem gebe es dort Unmengen von Moskitos.

Es dauerte fünf Tage, bis wir endlich ein Boot hatten. Isabelle musste uns leider verlassen, aber sie half uns vorher noch bei der Organisation. Socorro kannte einen Bootseigentümer, Gilberto Pimentel, der sich die Sache eventuell überlegen wollte. Neccas schöne Tochter Keila spricht ein bisschen Englisch; sie half bei den Verhandlungen. Wir waren Socorro und Keila sehr dankbar für ihre Hilfe und luden sie ein mitzukommen. Zu unserer freudigen Überraschung nahmen sie an.

Gilberto erklärte, sein Boot sei stark. Es hieß *Boanares*, nach seinem Vater, der bei allen Fahrten dabei war. »Aber auch mit einem starken Boot kann die Fahrt gefährlich sein«, warnte er. »Viele Boote kentern, wenn das Wasser zornig ist, und es gibt auch wandernde Sandbänke. Der Fluss ist so breit, dass man nicht an Land schwimmen kann.« Wir sollten die nötige Ausrüstung mitnehmen für den Fall eines Schiffbruchs. Eine Nacht würden wir auf jeden Fall auf dem Schiff zubringen müssen und von Moskitos belästigt werden.

Um vier Uhr morgens brachen wir bei Windstille auf. Nach einstündiger Fahrt wurden die Wellen jedoch so stark, dass alle außer mir aus den Hängematten geschleudert wurden, die wir in der Kabine aufgehängt hatten. Wir blieben gleich auf dem Boden sitzen.

Noch eine Stunde flussaufwärts, und wir kamen zu einem Ort namens Icuxi. Hier spannte Gilberto sein sechzig Meter langes Netz, das Plastikflaschen als Schwimmer und einen großen Sandsteinbrocken als Gewicht hatte. Sobald sich ein paar Fische im Netz gefangen hätten, erklärte er, würden die Delfine kommen. Also warteten wir. Wir lagen in den Hängematten. Wir gingen am Ufer auf und ab. Wir wateten im Wasser. Aber obwohl schon einige Fische im Netz hingen, kam kein Delfin.

Wir fuhren weiter, vorbei an weißen Sandstränden, vorbei auch an ungezählten Bränden. Gegen Abend erreichten wir schließlich den Rio Arapiuns. Sein Wasser war ruhig und blau. Am westlichen Horizont sahen wir an nicht weniger als neun Stellen den Rauch von Waldbränden aufsteigen.

Abends hängten wir die Hängematten wieder auf. Dianne und ich umhüllten unsere mit Moskitonetzen. Die Moskitos waren so bösartig, wie man uns prophezeit hatte. Mit Unbehagen entdeckten wir, dass Socorro und Keila keine Netze dabei hatten. Aber sie beklagten sich nicht; sie waren in ein lebhaftes Gespräch vertieft. Wolken von Portugiesisch stiegen aus ihren Hängematten auf. Ich malte mir aus, dass ihr Portugiesisch die Moskitos irgendwie vertrieb, wie Rauch die Fliegen vertreibt.

Ich lauschte und merkte überrascht, dass ich auch mit meinen rudimentären Sprachkenntnissen der Unterhaltung folgen konnte:

»Glaubst du, dass ein Boto kommen wird?«

»Einer reicht nicht für vier Frauen.«

»Und für Gilberto brauchen wir auch noch einen! Und für seinen Vater!«

»Wir schlafen lieber nicht heute Nacht. Wir warten auf den Boto!«

»Wenn wir doch Musik zum Tanzen hätten, um ihn anzulocken!«

Ich wiegte mich in meiner Hängematte und fühlte die Wellen unter mir wie eine Liebkosung.

Um fünf Uhr morgens brachen wir auf und fuhren zu einem Ort namens Jari. Dort gab es viele flache Kanäle und reichlich Fische – für Menschen und Botos, wie Gilberto sagte. Er und Keila sprachen mit ein paar Fischern, ob sie Botos gesichtet hätten.

»Gleich da drüben!« Sie deuteten auf einen flachen Kanal zwischen zwei Wiesen, auf denen magere Rinder grasten.

Und tatsächlich, da waren drei Botos zu sehen: zwei erwachsene, einer grau, einer rosa – und ein kleines grau-rosa Baby.

Schnell spannen Gilberto und sein Vater das Netz quer über den Kanal, sodass die Botos im seichten Wasser bleiben müssen, wo wir sie am besten beobachten können. Das Wasser ist nur hüfthoch und ziemlich schlammig. Dianne legt schnell einen Film ein. Doch im Kanal ist etwas schief gelaufen. Im Netz hat sich etwas gefangen – der Babyboto! Der große rosa Delfin beginnt, das Wasser zu peitschen; er hat offensichtlich große Angst. Das Baby könnte ertrinken! Ich springe ins Wasser, ohne die Schuhe auszuziehen, und sinke bis zu den Knöcheln im Schlamm ein. Auch Gilbert und sein Vater springen herein, klugerweise barfuß. Wir eilen zum Netz, das Kleine quiekt vor Angst. Je mehr es zappelt, desto stärker verheddert es sich im Netz. Ich versuche, das Baby festzuhalten und dafür zu sorgen, dass der Kopf über Wasser bleibt, während Boanares sich bemüht, Flossen und Schwanz zu befreien. Er möchte das Netz nicht beschädigen. Ein so großes Netz ist kostbar; man braucht eine volle Woche, um es zu knüpfen – im Laden kostet es 150 Dollar. »Zerschneide das Netz! Ich zahle ein neues!«, schreie ich, aber Boanares versteht natürlich nichts, weil mir in der Panik kein einziges portugiesisches Wort einfällt.

Das Baby schreit in meinen Armen. Sein Oberkopf hebt und senkt sich hastig, das Blasloch öffnet und schließt sich und stößt Heultöne aus. Das Junge ist etwa einen Meter zwanzig lang und erschreckend stark, ein einziger großer Muskel, in Panik angespannt. Ich kann es kaum festhalten, versuche aber, es zu beruhigen. Ich streichle seine Haut, fahre ihm mit der Hand am Bauch entlang, drücke ihn an mein heftig schlagendes Herz. Die Haut fühlt sich an wie ein gekochtes Ei und ist jetzt kräftig rosa von der Anstrengung. Zwar ist nun klar, dass das Kleine nicht ertrinken muss, aber ich fürchte, das Netz könne in seine zarte Haut schneiden. Ich schaue dem Baby in die schimmernden Augen. Für dieses verschreckte Kleine bin ich eine Bedrohung – ein Gewitter, ein Alligator, ein Schwarm Piranhas, ein feindliches Raumschiff. Es kann unmöglich verstehen, dass wir ihm helfen wollen.

Endlich löst Boanares es aus dem Netz. Einen Augenblick noch halte ich das Baby in den Armen – einen Augenblick und zugleich für immer – diese Umarmung ist eine Bitte und ein Gebet. Als ich den Boto freigebe, lasse ich mein Herz mit ihm gehen und fühle, dass das Wasser meine leeren Arme mit versöhnlicher Geste umgibt.

Doch jetzt ist die Mutter im Netz gefangen! Dianne reicht Keila die Kamera und kommt auch ins Wasser, um zu helfen. Die Mutter ist viel ruhiger als das Baby. Dianne hält sie fest und die Mutter sträubt sich nicht dagegen. Ich frage mich fast, ob die Mutter nicht mit Absicht ins Netz geschwommen ist, um uns abzulenken.

Die Delfine sind frei. Der dunkle springt wie im Triumph. Gilberto und sein Vater holen das Netz ein. Wir ziehen uns auf die *Boanares* zurück.

Alle sind erschöpft. Socorro und Keila hatten große Angst, dass die erwachsenen Delfine uns angreifen könnten, während wir das Baby befreiten. Gilberto und sein Vater hatten befürchtet, die IBAMA, die brasilianische Umweltpolizei, könnte uns mit einem Delfin im Netz erwischen und uns alle verhaften. Selbst Dianne hatte Angst gehabt – dass sie kein gutes Foto von der Aktion bekommen könnte. Doch auch ihre Angst war unbegründet.

Die verschiedensten Gefühle überwältigen mich: die Erregung, das Baby in meinen Armen zu halten, die Angst, es könnte sich verletzen, Schuldbewusstsein – wäre einem der Botos ein Leid geschehen, wäre ich daran schuld gewesen. Im Tapajós hatte ich mir so sehr gewünscht, die Botos zu berühren. Wir wollten die Botos ja nicht fangen, sondern nur für kurze Zeit an einer Stelle festhalten. Und trotzdem, da war ich mir ganz sicher, war diese Beinahe-Tragödie, bei der zwei Botos hätten ertrinken können, eine Folge meines eigenen Verlangens, das brannte wie ein Feuer am Horizont. Wieder wird mir bewusst, wie viel Schaden Fremde hier anrichten können.

Meine Turnschuhe sind von Schlamm ummantelt. Meine Füße sind aus Erde.

Auf dem Heimweg machten wir in Cururu halt. Wir waren nur einen einzigen Tag weg gewesen, und doch hatten wir Sehnsucht nach »unseren« Delfinen. Socorro und Keila hatten noch nie gesehen, wie jemand mit den Delfinen schwamm, und wollten brennend gern zuschauen.

Kaum hatten wir angelegt, erschienen auch schon die ersten Delfine. Ich hatte das Gefühl heimzukehren. Ich schwamm hinaus zu ihnen, vielleicht vierhundert Meter weit. Alle sieben Delfine versammelten sich, bliesen und hoben die Köpfe aus dem Wasser, um etwas zu sehen. Ein einzelner Tucuxi sprang durch die Luft. Valentino tauchte weit genug auf, um seine Flossen zu zeigen. Einer der Grauen, Gary oder David, drehte sich auf den Rücken, wedelte mit den Flossen und drehte sich dann mit einem Schlag seiner Schwanzflosse wieder um.

Inzwischen hatten Gilberto und Boanares das Netz neben dem Boot ausgespannt. Nach einer Stunde war es schwer von Fischen. Dianne, Socorro und Keila standen auf dem Dach der *Boanares* und warteten – und plötzlich flitzte Valentino am Netz vorbei und schnappte sich einen Fisch. Ein anderer Delfin versuchte, ihm den Fisch aus dem Maul zu nehmen. Valentino schoss an die Oberfläche, schüttelte den Kopf mit dem Fisch im Maul und schnellte davon.

Wir warteten, ob sich noch mehr Delfine aus dem Netz bedienen würden, aber es kam keiner mehr. Als wir das Netz einholten, entdeckten wir mit Schrecken, dass

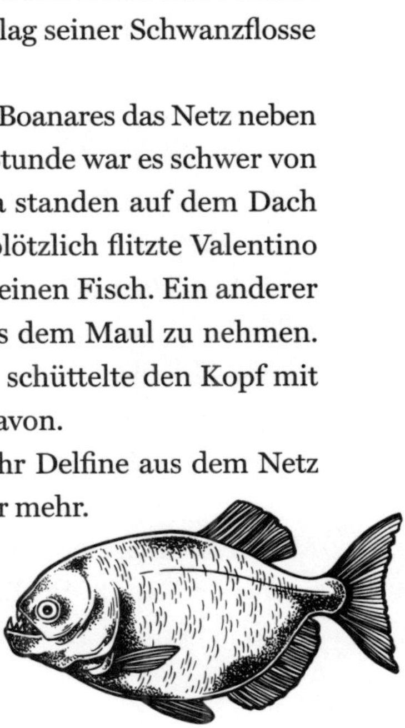

sich zwei zehn Zentimeter lange rotbäuchige Piranhas darin gefangen hatten.

Alle paar Tage fuhren wir mit dem Bus nach Santarém, um Geld zu wechseln. Normalerweise war es eine angenehme Fahrt von etwa eineinhalb Stunden Dauer, je nach Route. Wir waren schon Stammgäste für den stämmigen, schnurrbärtigen Fahrer und er begrüßte uns (besonders Dianne) mit einer Umarmung. Die Brasilianer haben für Stille nichts übrig, und so war auch dieser Bus, wie fast alle, mit einem Kassettendeck ausgestattet. Obwohl wir eigentlich lieber Caribe oder Boi-Bumbá gehört hätten, spielte der Fahrer uns zu Ehren oft amerikanische Musik. An einem Tag im Dezember, als wir von einer Einkaufstour nach Alter do Chão zurückfahren, spielt er eine Weihnachtskassette von Elton John. Draußen schneit es: Große schwarze Flocken wirbeln durch die Fenster herein – der Ascheregen eines nahen Feuers, dessen Hitze wir schon fühlen können.

Wir fahren durch dicken Rauch. Unser Fahrer bleibt seelenruhig. Auf einer Seite der Straße brennen die Bäume. Die Passagiere scheinen es gar nicht zur Kenntnis zu nehmen. Der Wald lodert wie ein Sonnwendfeuer, und keiner schaut auch nur hin, bis wir abbiegen und an einem Haus vorüberkommen, in dem sich das Feuer gerade durchs Dach frisst. Jetzt gaffen sie und schreien: *»A casa! A casa!«* und recken die Hälse, um nichts zu verpassen.

Als wir in Alter do Chão eintreffen, ist der Himmel schwer und voller Rauch. Am Tag zuvor ist der Wind auf dem Tapajós so gefährlich gewesen, dass viele Fischer vorzeitig nach

Hause zurückkehrten. Heute ist er noch stärker, so als ob die Gewalt der Flammen ihm zusätzliche Kraft verliehe.

Wir haben diesmal ein größeres Boot. Auch Braulio musste nach Santarém, und er hat mit seinem Freund Manuel ausgemacht, dass der uns heute mit seinem zwölf Meter langen Boot, der *Sabía*, nach Cururu bringt. Es ist eine raue Fahrt, der Fluss ist aufgepeitscht.

Kaum haben wir den Anker geworfen, sichtet Dianne schon eine rosa Finne. Ich schwimme los, vielleicht vierhundert Meter weit, bevor ich mich Wasser tretend umsehen will. Aber die Wellen klatschen mir ins Gesicht und versperren mir die Sicht. Ich versuche, um die Wellen herumzuschauen, aber sie schlagen mir immer wieder ins Gesicht. Wasser dringt mir in Nase und Kehle. Ich schlucke den Tapajós und der Tapajós schluckt mich.

Ich höre ein Blasen und drehe mich um. Die zwei Grauen, David und Gary, sind sechs Meter von mir entfernt aufgetaucht. Der Wind trägt ihre Atemzüge zu mir, sodass sie mir ganz laut in den Ohren klingen. Bei ihnen fühle ich mich sicher.

Aber Dianne wird langsam nervös. Die hohen, schaumbekrönten Wellen werfen das Boot so heftig hin und her, dass Flaschen und Fischereigeräte durch die Kabine fliegen. Ein Stück Seife rutscht über den Boden, ein Stuhl kippt um. Vom Deck der *Sabía* aus kann sie mich nicht mehr sehen, nicht einmal mit dem Teleobjektiv oder dem Fernglas. Sie schreit: »Du – bist – zu – weit – draußen!« Aber der Wind verweht ihre Stimme.

Ich trete Wasser und halte nach Delfinen Ausschau. Aber die Wellen benehmen sich wie übermütige Kinder, zerren an meinem Hut, greifen nach meiner Brille, verstellen mir die Sicht. Eine Stirn erscheint und verschwindet, eine Rückenfinne hebt und dreht sich, die Wellen springen – es ist wie ein Vexierrätsel, Wellen und Delfine, Wellen und Delfine. Mir wird ganz schwindlig. Und dann sind die Delfine verschwunden.

Ich kämpfe mit Armen und Beinen gegen die Strömung an, die mich davontreiben möchte. Ich schaue mich um und sehe das Boot in weiter Ferne, ganz klein. Und nun trägt der Wind Diannes Stimme zu mir. Ich arbeite mich mit großer Anstrengung zurück ans Ufer. Dianne springt aus dem Boot und kommt mir im Wasser entgegen. Eine Dreiviertelstunde lang habe ich mich in den Wellen aufgehalten. Als ich mich schließlich ans Ufer setze, merke ich, wie müde meine Arme und Beine sind. Doch kaum sitze ich, da sichten wir wieder eine rosa Finne, und ich schwimme wieder hinaus.

Ein Tucuxi springt direkt vor mir. Dianne beobachtet, dass zwei Tucuxis sich dauernd hinter mir halten. Ich kann sie zwar meist nicht sehen, bin aber die ganze Zeit von Delfinen umgeben, Tucuxis und Botos, die meine Schutzengel im Sturm sind. Vielleicht kommt es daher, dass ich keinen Augenblick Angst habe.

Ich schwimme wieder ans Ufer und betrachte zusammen mit Dianne den rauchbeschmutzten Sonnenuntergang. Gerade als wir abfahren wollen, erspähen wir den großen rosa Valentino. Mitten in den Wellen ragt seine Rückenfinne heraus wie ein Segel.

Eines Nachmittags war Braulio nicht zur üblichen Zeit an der *Gigante*. Während Dianne mit ihrer Fotoausrüstung beim Boot wartete, ging ich zu Braulios Haus und sah ein schnittiges rotes Auto davor stehen. Braulio saß mit dem Eigentümer des

Autos, einem dunkeläugigen jungen Anwalt namens Felicio Pontes, im Restaurant nebenan. Felicio spricht Französisch, Portugiesisch und Englisch. Er ist in Rio geboren, hat ein Jahr in Paris gelebt und ein Jahr in Belém gearbeitet, bevor er hierher kam, um als Anwalt in Umweltschutzprozessen zu agieren. Wir luden ihn ein mitzukommen.

Anders als die meisten Leute hier kann Felicio gut schwimmen. Dennoch würde er sich nie soweit hinauswagen wie ich. Er bleibt bei Dianne, während ich zu den Delfinen schwimme – fünf sind es heute. Valentino taucht nahe bei mir auf und öffnet sein Blasloch, nur eineinhalb Meter von mir entfernt. Es ist eine sehr intime Geste, fast wie ein Kuss. Dann rollt er sich auf den Rücken. David und Gary erscheinen Seite an Seite und tauchen wieder ab. In einiger Entfernung sehe ich Maria und Jesus, die uns aufmerksam beobachten. Die anderen blieben eine halbe Stunde lang in meiner Nähe, dann schwammen sie weg. Ich kehrte zu Dianne und Felicio zurück; wir blieben im seichten Wasser stehen und Felicio erzählte uns indianische Legenden. Er erzählte, wie die Tränen des Mondes, die er um seine Geliebte, die Sonne, vergoss, den Amazonas gebildet hatten, den Fluss der unerfüllbaren Liebe. Er erzählte, wie der Tambatajá-Baum entstanden war: Als die Frau eines Macuxi-Kriegers im Kampf getötet worden war, ließ sich der untröstliche Mann an ihrer Seite lebendig begraben. Aus seinem Grab entspross der schöne Baum. »Es ist ein sehr melancholischer Baum«, sagte er, »seine Äste sehen aus, als versuchten sie eine Umarmung.«

Wie es kam, dass er solche Geschichten kannte, wollten wir wissen. »Wenn man einen Richter überzeugen will, muss man wissen, was den Leuten wirklich wichtig ist«, sagte

Felicio. »Ich verkehre viel mit den Dorfbewohnern, um zu begreifen, wie sie die Welt sehen.«

Als Anwalt in Umweltschutzprozessen vertritt Felicio die Leute, die noch immer in den Tränen des Mondes schwimmen, die noch immer ihre eigene Liebe, ihre eigene Tragödie durch einen Baum verkörpert sehen. Er berichtet von einem Fall, den er kürzlich vor Gericht gewonnen hat: »Am Oberlauf des Tapajós gibt es 110 Wasserfälle. Sie sollten gesprengt werden, damit die Handelsschiffe leichter passieren konnten. Aber die Ureinwohner informierten uns rechtzeitig – und so konnten wir die Pläne vereitelten.«

»Diese Art von Rechtsprechung ist neu«, fuhr er fort. Vor Gericht prallen zwei sehr verschiedene Einstellungen aufeinander: auf der einen Seite Raubbau und Profit, auf der anderen Ganzheit und Heiligkeit. Ein Drama, das sich in unserem Fluss abgespielt hat und sich nun in unseren Körpern fortsetzt.

Wir luden Braulio und Felicio zum Abendessen ein. Socorro hatte köstlichen Tambaqui mit Kokosmilch gekocht und beim Essen erzählte Felicio, dass der Tapajós ein renaturierter Fluss sei.

»Vor zwei Jahren hätte man hier keine Delfine sehen können. Damals war der Tapajós genau wie der Amazonas – ganz schlammig und undurchsichtig.«

»*Was?*«, riefen Dianne und ich erstaunt.

»Das stimmt«, fiel Socorro ein. »Alles war vergiftet.«

In den Achtzigerjahren des 20. Jahrhunderts hatte es im ganzen Amazonasgebiet einen Goldrausch gegeben, der es mit dem kalifornischen im neunzehnten Jahrhundert durchaus aufnehmen konnte. Innerhalb dieses einen Jahrzehnts ist im Amazonasbecken Gold im Wert von ein bis drei Milliarden Dollar gefördert worden. Die Schätzung ist deswegen so ungenau, weil nur ein Drittel oder ein Viertel des Goldes über offizielle Kanäle verkauft wurde. Den Rest förderten *garimpeiros*, Glücksritter, die auf eigene Faust schürften.

Die großen Firmen beschäftigten Taucher, die den Flussboden nach Gold absuchten. Lohnte sich der Abbau, dann wurden riesige Maschinen eingesetzt, die den Grund aufwühlten und Erde und Sand aus dem Flussbett saugten.

Tausende solcher Maschinen gruben sich in die Sedimente des Tapajós hinein und wirbelten den Schlamm auf. Jetzt begriffen wir, warum die Filmteams alle zum Arapiuns gefahren waren: Zehn Jahre lang war der Tapajós zu schlammig zum Filmen gewesen.

Der schlimmste Schaden war jedoch unsichtbar. Um das Gold aus dem Gestein zu lösen, geben die *garimpeiros* Quecksilber in ihre Waschpfannen. Ein Großteil davon läuft direkt in den Fluss. Ein Teil heftet sich ans Gold und isoliert das kostbare Metall. Die zwei Metalle werden dann mithilfe einer Lötlampe getrennt; das Quecksilber verdampft, das Gold bleibt übrig. Aber das verdampfte Quecksilber verschwindet nicht. Es fällt als giftiger Regen auf Wälder und Flüsse.

Das ist eins der gravierendsten Umweltprobleme im Amazonasgebiet, denn die Wirkung des Quecksilbers hält an. Es reichert sich besonders schnell in den Raubfischen an und die wiederum sind die Hauptnahrung der Menschen. Zehn Prozent der Quecksilbermenge, die ein Mensch aufnimmt, setzen sich im Körper ab, hauptsächlich im Gehirn. Die Folgen sind Störungen der Wahrnehmung, der Bewegungen, des Gehörs, der Sehfähigkeit, der Gefühle, Sprache sowie Gedächtnisverlust.

Nach meiner Rückkehr in die Staaten erfuhr ich aus einem UN-Bericht, dass in vier Gemeinden im Einzugsgebiet des Tapajós, die untersucht worden waren, sechzig Prozent der Menschen eine so hohe Quecksilberkonzentration im Urin aufwiesen, dass von der Weltgesundheitsorganisation regelmäßige Untersuchungen dringend empfohlen wurden.

Die Goldsucher bringen außerdem Krankheiten mit. Sie schleppen neue Abarten der Malaria ein, gegen die viele der Menschen im Amazonas keine Abwehr besitzen. Die Ureinwohner erkranken signifikant häufiger an Malaria, wenn ein Goldsucher-Camp in der Nähe ist. In einer Provinz, in die im Jahr 1990 über fünfzigtausend Goldsucher einfielen, starben in der Folge Hunderte von Yanomami. Manche Dörfer entvölkerten sich innerhalb von Wochen.

Allerdings sind die ersten Anzeichen einer Quecksilbervergiftung den Symptomen der Malaria sehr ähnlich: Fieber, Schüttelfrost, Übelkeit. Es ist also auch denkbar, dass die Yanomami buchstäblich am Goldfieber starben.

1992 verschwanden die letzten Goldsucher am Tapajós und zogen weiter. Es ist tröstlich, dass der Fluss sich innerhalb von zwei Jahren anscheinend vollkommen erholt hat. Aber in seinen Sedimenten, im süßen Fleisch des Tambaqui, den wir an diesem Abend aßen, in den Körpern der Delfine, mit denen wir schwammen, in den Organen der Menschen, die wir lieben lernten, und auch in Diannes und meinem Gehirn hat sich das Quecksilber festgesetzt.

Das alles hatte Necca vor Augen, als sie 1993 ihre Tanzgruppe gründete. »Die Menschen vergessen die alte Lebensweise«, sagte sie. Sie vergessen ihre eigene Art und wie man mit der Natur angemessen umgeht. »Schaut bloß die Feuer an«, sagte sie. Sie brennen Tag und Nacht. Necca kann vor Zorn nicht schlafen. »Und schaut euch den ganzen Dreck am Strand an.« Da lagen Plastiktüten, Schokoladenpapiere, Becher und Trinkhalme herum. »Sie spucken in den Teller, von dem sie essen.«

Früher, als das alte Wissen den Menschen noch gegenwärtig war, konnte Necca mit dem Mond sprechen. Man darf nachts keine Bäume fällen, sagt Necca, weil der Mond eifersüchtig über sie wacht und keinen Frevel vergisst. Und dann erzählte uns Necca folgende Geschichte:

»Eines Tages merkten die Fischer eines Dorfes, dass das schönste Mädchen verschwunden war. Sie konnten sie nirgends finden. Also baten sie den Curandeiro, sie wiederzubringen. Er vollzog die nötigen Zeremonien und bat den Mond um Hilfe. Wo war sie hingegangen?

Der Mond antwortete, sie sei verzaubert worden und lebe jetzt im See. Aber der See werde sie zurückgeben, versprach der Mond.

Beim nächsten Vollmond gab es einen Donnerschlag. Mitten im See erschien ein schöner Baum, hell glänzend wie der Mond und mit bunten Früchten. Der Baum ging über das Wasser ans Ufer. Die Leute waren sehr überrascht und erschrocken. Dann kam der Baum zurück und versank wieder im Wasser. Seine Früchte fielen ab und verwandelten sich in die schönen grünen Frösche, die dem See seine Farbe gegeben haben und die, wie man sagt, Glück bringen.

Der See nahm die Schönheit des Mädchens an«, erklärte sie, »und in Vollmondnächten stieg der Baum aus dem Wasser und ging im Dorf spazieren. Aber eines Nachts kehrte sie nicht zum See zurück.« Necca verstummte.

»Und was passierte dann?«, fragte ich.

»Wir warten noch immer darauf, dass sie zurückkommt«, sagte Necca.

Während sie warten, fällt ihre Welt in Stücke. Ihre Söhne und Töchter lernen das naturgemäße Leben nicht mehr. Sie wissen nicht mehr, wie man eine Grashütte baut, sie kennen die Kräutermedizinen nicht mehr. Sie vergessen, wie man Tongefäße, Holzkohle oder Pflanzenfarben herstellt.

Am Ufer ist Dreck, am Himmel Feuer, im Wasser Quecksilber.

»Es gab eine Kautschukepoche, dann die Goldepoche. Jetzt sind wir in der Holzepoche. Davon haben die Einheimischen nichts – außer Krankheiten und einer zerstörten Umwelt.«

Die Menschen müssen sich wieder auf ihr traditionelles Leben besinnen. Necca und Keila tanzen, um die Erinnerung an die Ganzheit einer zerrissenen Welt am Leben zu halten.

»Schade, dass ihr nicht im Sommer gekommen seid«, sagte Necca. »Dann hättet ihr den Tanz des Boto sehen können.«

Wir wären gern noch länger geblieben, aber unsere Tage waren gezählt. Weihnachten rückte näher und Angehörige und Freunde erwarteten uns in den Staaten. In wenigen Tagen würden wir abreisen.

An unserem letzten Tag in Alter do Chão besuchten wir morgens das Museum der indigenen Völker. David Richardson und seine Frau Maria Antonia haben es sich zur Aufgabe gemacht, dort die Geschichte und Kultur der amazonischen Urvölker zu dokumentieren.

Viele Stämme sind bereits ausgelöscht; alle sind stark dezimiert. Mord und Versklavung, Alkohol und Krankheiten, die Habsucht und der Missionseifer der Fremden haben unvorstellbar viele Opfer gefordert.

Allein im 20. Jahrhundert sind weit über neunzig Stämme ausgestorben, praktisch pro Jahr einer.

Das Museum zeigt Kunsthandwerk der verschiedenen Stämme: geflochtene Behältnisse, Federkopfschmuck und Masken, manchmal auch alte Fotografien. Zu jedem Stamm gibt es ein paar kurze Informationen.

Es ist immer die gleiche traurige Geschichte von Völkern, die aus dem gewohnten Leben herausgerissen und mit Lebensformen konfrontiert wurden, denen sie in keiner Hinsicht gewachsen waren. Der jeweils letzte Satz bezieht sich auf die Zahl der Überlebenden eines Stammes: Es handelt sich manchmal um ein paar Tausend, manchmal um ein paar Hundert und manchmal nur noch um einige wenige.

Ziemlich deprimiert traten wir wieder hinaus auf die Straße.

Unterwegs trafen wir Keila. Wir wollten nachmittags noch einmal nach Cururu fahren und hatten Keila eingeladen mitzukommen. Sie bat uns, um zwei bei der *Sousa* zu sein, dem Boot ihres Freundes Simão. Sie habe eine Überraschung für uns.

Also waren wir um zwei an der *Sousa*. Und schon kam Keila, die Locken von einem Strohhut gebändigt – und hinter ihr acht junge Leute mit Taschen und Körben. Sie seien gekommen, erklärte Keila, um für uns den Tanz des Boto aufzuführen.

Es waren schöne, schlanke, junge Mädchen und Männer: Edson, Nilson, Carisson und Trenato; Edany, Elailene, Franides und Diolene. Die jungen Männer trugen Baseballkappen und Muscle-Shirts, die Mädchen knappe schwarze Bikinis und Pareos. In den Körben hatten sie ihre Kostüme und Fackeln, in einer Kühltasche etwas zu essen und zu trinken.

Die altersschwache *Sousa* tuckerte nach Cururu und sofort sichteten wir einen Delfin. Es war Valentino. Ich schwamm hinaus zu ihm und merkte bald, dass sie alle da waren, wie um sich zu verabschieden: David und Gary, Maria und Jesus, Valentino und Rosa Lippen, Vera und zwei Tucuxis. David und Gary kamen sehr nahe und hoben den Kopf aus dem Wasser, um mir ins Gesicht zu sehen. Zweimal wurde ich in eine Wolke prickelnder Bläschen gehüllt. Drei Delfine sprangen gleichzeitig. David sprang sehr hoch, keine drei Meter von mir entfernt; ein Tucuxi schlug mit dem Schwanz. Valentino schwamm heran, drehte sich auf den Rücken und zeigte seinen rosa Bauch.

Am Ufer standen Keila, die Tänzer, Simão und seine kleine Tochter und schauten staunend zu. Als ich aus dem Wasser stieg, fragte der kräftigste Tänzer verwundert, ob ich keine Angst hätte. »Nein«, sagte ich. »Das ist ganz wunderbar.«

Zweimal ging ich noch ins Wasser und schwamm mit den Botos. Ich zählte mit, wie oft ich einen zu Gesicht bekam, und kam auf 49 Mal in 45 Minuten. Dianne, die am Ufer geblieben war, kam beim Zählen noch viel weiter, denn die Delfine hatten mich, wie schon so oft, umgeben, ohne dass ich es merkte. Dann verschwanden sie.

Die Sonne ging unter; im Westen loderte und rauchte ein gewaltiges Feuer. Die Tänzer erwarteten uns in ihren Kostümen. Sie hatten gegessen und getrunken und ihren Abfall in der Kühltasche verstaut. Die Mädchen trugen jungfräulich weiße Gewänder und blickten zum Fluss.

Die jungen Männer, in weißen Hosen, Hemden und Hüten, bewegten sich in Schlangenlinien auf sie zu, als wären sie Delfine im Wasser.

Sie sangen:

> Quando o boto virou gente
> para dançar no puscirum,
> trouxe arco, trouxe flecha
> e até muiraquita, e
> dançou a noite inteira com
> a bela cunhanta.
>
> Als der Boto sich in einen Mann verwandelte,
> um beim Dorfball zu tanzen,
> trug er den Bogen und den Pfeil
> und den Froschzauber, der Glück und Liebe bringt,
> und er tanzte die ganze Nacht
> mit dem schönen Mädchen aus dem Dorf.

Sie tanzten am Strand wie Liebende, eng umschlungen, zärtlich Gesicht und Haare des Partners berührend. Sie schienen vor Leidenschaft zu glühen. Die jungen Männer legten ihre unschuldsweißen Partnerinnen in den Sand und umarmten sie, während sie sangen:

> Um grande mistério na
> roça se faz, fugiu cunhanta
> com um belo rapaz …
>
> Das Mädchen war mit dem schönen Mann verschwunden
> und alle standen
> vor einem Rätsel …

Die untergehende Sonne zog eine goldene Straße über das Wasser. Die Gesichter der Tanzenden waren im Gegenlicht nicht erkennbar. Sie waren nicht mehr dieselben Jungen und Mädchen; die Magie ihrer Geschichte hatte sie verwandelt. Ihr Lied schien sich mit den Stimmen der Geister zu vermengen: mit der Mutter des Weins und der Mutter des Sees, mit den Engeln der Musik und der Oper, mit den Geistern von Opernsängerinnen, ermordeten Ureinwohnern und Marios kleinem Sohn. Sie mahnten uns, alles im Gedächtnis zu behalten. Sie sangen auch mit den Stimmen der Wissenschaftler, den Stimmen von Vera und Gary, Miriam, Andrea und Peter, und hielten uns an, zu fragen und zu forschen. Sie sangen mit den Stimmen der Visionäre, derer, die Reservate für Menschen und Natur schaffen und erhalten und die uns Mut machen, auch in unserer raffsüchtigen Zeit die Hoffnung nicht aufzugeben. Sie sangen mit den Stimmen von Violetta und Alfred, den tragischen Liebenden in *La traviata*. Und sie sangen mit den Stimmen von Moises und Ricardo, Don Jorge und João Pena und erinnerten uns daran, dass hier in Amazonien das Unmögliche wahr werden kann.

So wurden Keilas junge Freunde selbst zu ihrer Geschichte, die so alt, so vollkommen, so fern und doch so gegenwärtig war wie die Sonne auf dem Fluss. Und vielleicht wussten das auch die Delfine. Als wir aufs Wasser blickten, sahen wir, dass die Botos zurückgekehrt waren. Sie schwammen langsam, bliesen sanft und hielten die Augen über Wasser, um das Geschehen am Ufer zu verfolgen.

E o boto ligeiro na roça fugiu.
Desejando a cabocla
na beira do rio ...

Der Boto floh schnell.
Er liebte das Mädchen
am Ufer des Flusses ...

Die Jungen sprangen auf und ins Wasser, wo sie sich wie die Delfine in den Wellen tummelten.

Wir sind weit entfernt vom Opernhaus in Manaus. Die Luft ist jetzt von Rauch erfüllt, nicht mehr vom Regen. Und doch endet die Reise, wie sie unter den berühmten Deckenfresken des Teatro Amazonas begonnen hat: Wieder bin ich umgeben von Tanz und Tragödie.

Die Delfin-Männer steigen aus dem Fluss. Voller Freude nähert sich jeder seiner Geliebten. Über der Szene liegt die immer neue Verheißung einer vollkommenen Welt. Die Botos schwimmen, die Tänzer tanzen. Doch im Westen lodert das Feuer und rötet den Horizont.

Bibliografie

Berichte von Forschungsreisenden

Bates, Henry Walter: *Am Amazonas.* Nördlingen 1989.

Cousteau, Jacques-Yves und Mose Richards: *Jacques Cousteau's Amazon Journey.* New York 1984.

Kane, Joe: *Wir bezwangen den Amazonas.* München 1993.

Kelly, Brian und Mark London: *Amazon.* New York 1983.

O'Hanlon, Redmond: *In Trouble Again: A Journey Between the Orinoco and the Amazon.* New York 1990.

Rambali, Paul: *In the Cities and Jungles of Brazil.* New York 1993.

Shoumatoff, Alex: *The Rivers Amazon.* San Francisco 1986

Delfine und Wale

Bateman, Graham (Hg.): *Meeressäugetiere.* München 1992.

Cousteau, Jacques-Yves und Philippe Diolé: *Delfine.* Frankfurt/M., Wien, Zürich 1978.

Kendall, Sarita, Fernando Trujillo und Sandra Beltran: *Dolphins of the Amazon and Orinoco.* Bogotá 1995.

Leatherwood, Stephen L. und Randall Reaves: *Sierra Club Handbook of Whales and Dolphins.* San Francisco 1993.

Lilly, John C.: *Lilly on Dolphins.* Humans of the Sea. Garden City 1975.

Perrin, W. F. u. a.: *Biology and Conservation of the River Dolphins.* Gland 1989.

Pilleri, Giorgio: *Die Geheimnisse der blinden Delfine.* Karatschi 1980.

Ridgway, S. H. und R. J. Harrison (Hg.): *Handbook of Marine Mammals.* London 1989.

Thewissen, J. G. M. (Hg.): *The Emergence of Whales.* Evolutionary Patterns in the Origin of Cetacea. New York 1998.

Naturgeschichte des Amazonasgebiets

Bernardino, Francisco Ritta: *Amazonian Emotions.* Manaus 1996.

Duellman, William E.: *The Biology of an Equatorial Herpetofauna in Amazonian Ecuador.* Lawrence 1978.

Emmons, Louise: *Neotropical Rainforest Mammals.* Chicago 1990.

Forsyth, Adrian und Ken Miyata: *Tropical Nature: Life and Death in the Rain Forests of Central and South America.* New York 1984.

Goulding, Michael: *Amazon: The Flooded Forest.* New York 1990.

Hilty, S. L. und W. L. Brown: *A Guide to the Birds of Colombia.* Princeton 1986.

Hölldobler, Bert und Edward O. Wilson: *Ameisen – die Entdeckung einer faszinierenden Welt.* Basel 1995.

Kricher, John C. A.: *A Neotropical Companion.* Princeton 1989.

Moffett, Mark W.: *The High Frontier: Exploring the Tropical Rainforest Canopy.* Cambridge, Mass., 1993.

Walker, Ernest: *Walker's Mammals of the World.* 4. Auflage, Bde. I und II. Baltimore 1983.

Wallace, A. R.: *Natural Selection and Tropical Nature.* London 1895.

Wilson, E. O.: *The Diversity of Life.* Cambridge, Mass., 1992.

Ders.: *Biophilia.* Cambridge, Mass., 1984.

Mythen, Legenden und Geschichten

Abram, David: *The Spell of the Sensuous: Perception and Language in a More-Than-Human World.* New York 1996.

Beaver, Millie de Sangama und Paul Beaver: *Tales of the Peruvian Amazon.* Largo 1989.

Roe, Peter G.: *The Cosmic Zygote: Cosmology in the Amazon Basin.* New Brunswick 1982.

Slater, Candace: *Dance of the Dolphin: Transformation and Disenchantment in the Amazonian Imagination.* Chicago 1994.

Smith, Nigel J. H.: *The Enchanted Amazon Rain Forest: Stories from a Vanishing World.* Gainseville 1996.

Werner, David: *Wo es keinen Arzt gibt.* Bielefeld 1999.

Bevölkerung, Geschichte und Zukunft des Amazonasgebiets

Collier, Richard: *The River That God Forgot.* New York 1968.

Davis, Wade: *One River: Science, Adventure, and Hallucinogenics in the Amazon Basin.* New York 1996.

Descola, Philippe: *Leben und Sterben in Amazonien.* Stuttgart 1996.

Engl, Lieselotte und Theo Engl: *Glanz und Untergang des Inkareiches.* München 1981.

Goulding, Michael, Dennis J. Mahar und Nigel J. H. Smith: *Floods of Fortune: Ecology and Economy Along the Amazon.* New York 1996.

Instituto del Tercer Mundo: *The World Guide, 1997–98.* Oxford 1997.

Kane, Joe: *Krieger des Jaguars.* München 1998.

Page, Joseph: *The Brazilians.* Reading 1995.

Plotkin, Mark: *Tales of a Shaman Apprentice: An Ethnobotanist Searches for New Medicines in the Amazon Rain Forest.* New York 1994.

Smith, Nigel u. a.: *Amazonia: Resiliency and Dynamism of the Land and its People.* Tokio 1995.

Ausgewählte wissenschaftliche Veröffentlichungen

Azevedo, Aline u. a.: *Mamirauá: Management Plan.* Brasilia 1996.

Berta, Annalisa: *What is a Whale?* In: Science Nr. 14, Januar 1994, S. 180–181.

Best, Robin C. und Vera M. F. da Silva: *Inia geoffrensis.* In: Mammalian Species No. 426, 1993. S. 1–8.

Dies.: *Preliminary Analysis of Reproductive Parameters of the Boutu, Inia geoffrensis, and the Tucuxi, Sotalia fluviatalis, in the Amazon River System.* Report of the International Whaling Commission, Special Issue UE 6, 1989.

Caldwell, Melba C., David K. Caldwell und Willim E. Evans: *Sounds and Behavior of Captive Amazonian Freshwater Dolphins, Inia geoffrensis.* Los Angeles 1966.

Da Silva, Vera M. F. und Robin C. Best: *Freshwater Dolphin/Fisheries Interaction in the Central Amazon.* In: Amazoniana XIV, Nrn. 1/2, 1996. S. 165–175.

Dies.: *Sotalia fluviatalis.* In: Mammalian Species Nr. 527, 1996. S. 1–7.

Gewalt, Wolfgang: *Orinoco Freshwater Dolphins Using Self-Produced Bubble Rings as Toys.* In: Aquatic Mammals 15, Nr. 2, 1989. S. 73–79.

Gingerich, Philip D.: *Origin of Whales in Epicontinental Remnant Seas: New Evidence from the Early Eocene of Pakistan.* In: Science, 22. April 1983. S. 403–406.

Pilleri, G., M. Gihr und C. Kraus: *The Sonar Field of Inia geoffrensis.* In: Investigations on Cetacea 10, 1979. S. 145–147.

Sylvestre, Jean-Pierre: *Some Observations on Behavior of Two Orinoco Dolphins in Captivity at Duisburg Zoo.* In: Aquatic Mammals 11, Nr. 2, 1985. S. 58–65.

Thewissen, J. G. M. und S. T. Hussain: *Origin of Underwater Hearing in Whales.* In: Nature, 4. Februar 1992. S. 444–445.

Thewissen, J. G. M., S. T. Hussain und M. Arif: *Fossil Evidence for the Origin of Aquatic Locomotion in Archeocete Whales.* In: Science, 14. Januar 1994. S. 210–212.

Thewissen, J. G. M., S. I. Madar und S. T. Hussain: *Ambulocetus natans, an Eocene cetacean (Mammalia) from Pakistan.* Frankfurt/M. 1996.

Nützliche Adressen für Interessierte

Der *Rainforest Conservation Fund* unterhält die Tamshiyacu-Tahuayo Community Reserve in Peru, wo dieses Buch zu großen Teilen spielt. Die Mitglieder werden regelmäßig über sämtliche Aktivitäten informiert und erhalten die Möglichkeit, das Reservat zusammen mit Mitgliedern des Aufsichtsrats zu besuchen.

Eine große Zahl von Delfinbeobachtungen machten wir von der *Amazonia Expeditions*-Lodge aus, die in der Nähe der Tamshiyacu-Tahuayo Community Reserve liegt. Die Gesellschaft veranstaltet Expeditionen, die auf ökologische Belange die größtmögliche Rücksicht nehmen. Das Personal besteht ausschließlich aus Peruanern (einige davon kennen Sie bereits aus diesem Buch). Wenn Sie an einer solchen Reise interessiert sind, schreiben Sie an:

Amazonia Expeditions
10305 Riverburn Dr
Tampa, FL, USA 33647

Tel.: 800-262-9669
E-Mail: paul@perujungle.com
Homepage: https://perujungle.com/

Das Amazon Conservation Team, das von dem Ethnobotaniker Dr. Mark Plotkin gegründet wurde, möchte bewahren, was die Einheimischen über die Pflanzen wissen, und fördert das Studium des Schamanismus im Amazonasgebiet, um altüberliefertes Wissen und natürliche Lebensräume zu erhalten. Wenn Sie Mitglied werden wollen, wenden Sie sich an:

Amazon Conservation Team
4211 North Fairfax Drive
Arlington, VA 22203
USA
Website: https://www.amazonteam.org/

Es gibt jetzt (beschränkte) Möglichkeiten für Touristen, das Reservat von Mamirauá in Brasilien zu besuchen, wo wir Delfine und Manatis studiert haben. Die Erträge aus dem Tourismus kommen dem Projekt Mamirauá zugute. Wenn Sie das Reservat besuchen wollen, wenden Sie sich an:

mamiraua@mamiraua.org.br
Homepage: https://www.mamiraua.org.br/

Earthwatch, eine Nonprofit-Organisation, bringt interessierte, selbst zahlende Laien mit Forschern zusammen, die Hilfe bei ihrer Arbeit brauchen. Es stehen mehrere Projekte im Amazonasgebiet zur Auswahl. Informationen erhalten Sie von:

Earthwatch Institute
680 Mount Auburn Street
P.O. Box 9104
Watertown, MA 02471
USA

Tel.: 800–776–0188
E-Mail: info@earthwatch.org
Website: www.earthwatch.org

Impressum

Sy Montgomery
Der Ruf der rosa Delfine
Wie die schlauen Säugetiere uns in die letzten Geheimnisse des bedrohten Amazonas einweihen
ISBN: 978-3-95910-294-0

Eden Books
Ein Verlag der Edel Germany GmbH

www.edenbooks.de | www.edel.com
1. Auflage 2020

Titel der Originalausgabe: Journey of the Pink Dolphins: An Amazon Quest

Eden Books edition published by arrangement with Chelsea Green Publishing Co, White River Junction, VT, USA, www.chelseagreen.com

Projektkoordination der deutschen Neuauflage: Juliane Noßack
Lektorat der deutschen Neuauflage: Marie Krutmann, ALMOST Agentur
Umschlaggestaltung: FAVORITBUERO, München
Coverillustration: © Dorling Kindersley / Getty Images
Autorinnenfoto: © Michael Sterling Photography
Innenillustrationen: Kartenmaterial: © 2000 by Libby Hubbell; Manati, Piranha: © Alexander_P/Shutterstock.com; Aal, Frosch, Huhn, Marmoset, Schildkröte: © Morphart Creation/Sutterstock.com; Tarantel: © Artur Balytskyi/Shutterstock.com; Fledermaus, Jaguar: © Bodor Tivadar/Shutterstock.com; Ameise: © Hein Nouwens/Shutterstock.com; Boto, Pekari: © mamita/Shutterstock.com; Candiru: © Granger Historical Picture Archive / Alamy Stock Foto; Podocnemis: © ilbusca/iStock by Getty Images
Layout und Satz: Datagrafix GSP GmbH, Berlin | www.datagrafix.com
Druck und Bindung: GGP Media GmbH, Pößneck

Printed in Germany | Auch als E-Book erhältlich

EDEL
FAMILY MEMBER

FSC www.fsc.org
MIX
Papier aus verantwortungsvollen Quellen
FSC® C014496

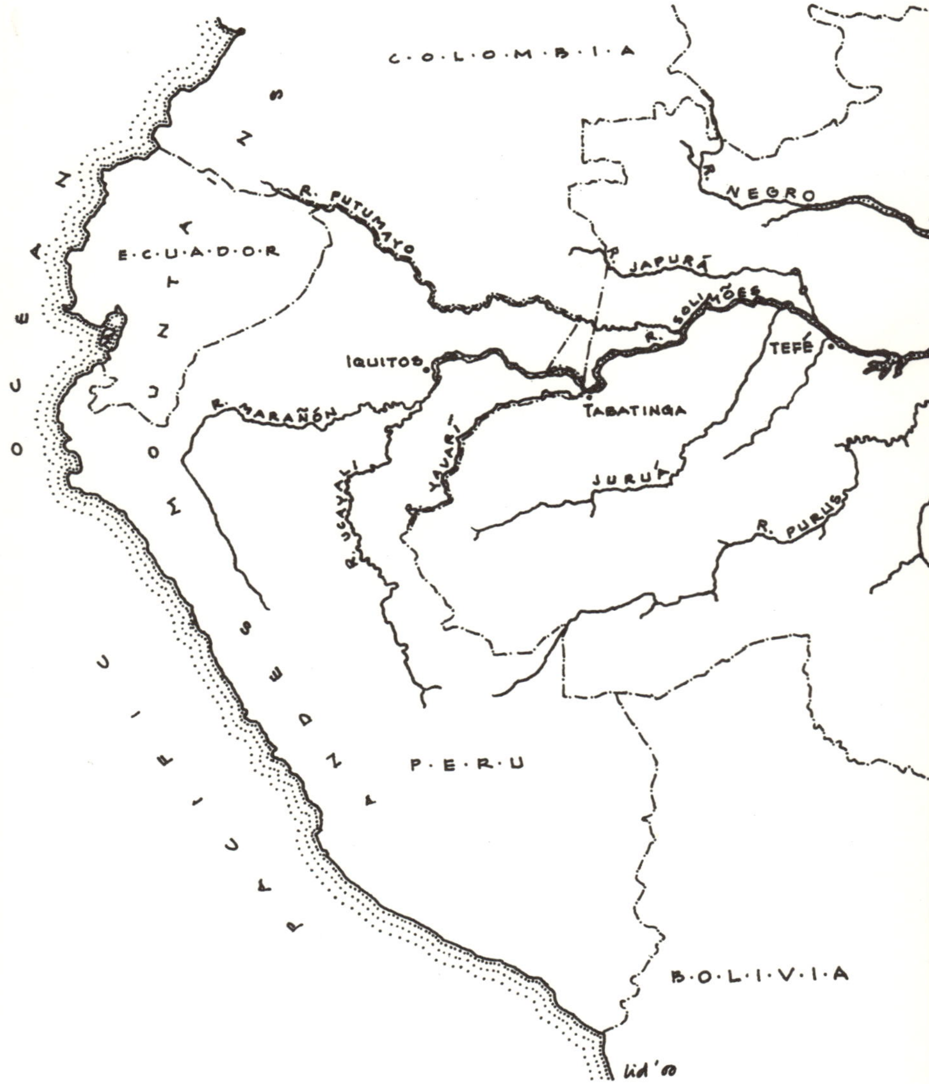

C·O·L·O·M·B·I·A
E·C·U·A·D·O·R
R. PUTUMAYO
R. NEGRO
JAPURÁ
R. SOLIMÕES
IQUITOS
TEFÉ
TABATINGA
R. MARAÑON
R. UCAYALI
YAVARI
JURUÁ
R. PURUS
P·E·R·U
B·O·L·I·V·I·A